中等职业教育建筑工程施工专业系列教材

建筑构造（第2版）

总 主 编 江世永

执行总主编 刘钦平

主 编 杨志刚

副 主 编 谭向荣 张 健

参 编 喻权坚 张合元

重庆大学出版社

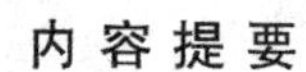

内容提要

本书根据中澳合作项目中等职业教育建筑专业能力标准,结合我国职业教育的特点,加入职教新观念、新教学方法,并充分利用现代教学的多媒体手段编写而成。本书共7章,主要内容有:民用建筑概述、基础与地下室、墙体、楼板与地面、楼梯与电梯、门与窗、屋顶。本书既可作为中等职业教育建筑工程类专业教材,也可供建筑工程技术人员学习、参考之用。

图书在版编目(CIP)数据

建筑构造/杨志刚主编.—2版.—重庆:重庆大学出版社,2013.1(2023.9重印)
中等职业教育建筑工程施工专业系列教材
ISBN 978-7-5624-4187-8

Ⅰ.①建… Ⅱ.①杨… Ⅲ.①建筑构造—中等专业学校教材 Ⅳ.①TU22

中国版本图书馆CIP数据核字(2012)第309051号

中等职业教育建筑工程施工专业系列教材
建筑构造
(第2版)
总主编 江世永
执行总主编 刘钦平
主　编 杨志刚
副主编 谭向荣 张 健
责任编辑:范春青 刘颖果 版式设计:游 宇
责任校对:陈 力 责任印制:赵 晟
*
重庆大学出版社出版发行
出版人:陈晓阳
社址:重庆市沙坪坝区大学城西路21号
邮编:401331
电话:(023) 88617190 88617185(中小学)
传真:(023) 88617186 88617166
网址:http://www.cqup.com.cn
邮箱:fxk@cqup.com.cn(营销中心)
全国新华书店经销
POD:重庆新生代彩印技术有限公司
*
开本:787mm×1092mm 1/16 印张:12 字数:306千
2013年1月第2版 2023年9月第13次印刷
印数:31 501—32 500
ISBN 978-7-5624-4187-8 定价:32.00元

序　言

建筑业是我国国民经济的支柱产业之一。随着全国城市化建设进程的加快,基础设施建设急需大量的具备中、初级专业技能的建设者。这对于中等职业教育的建筑专业发展提出了新的挑战,同时也提供了新的机遇。根据《国务院关于大力推进职业教育改革与发展的决定》和教育部《关于〈2004—2007年职业教育教材开发编写计划〉的通知》的要求,我们编写了本系列教材。

中等职业教育工业与民用建筑专业毕业生就业的单位主要面向施工企业。从就业岗位看,以建筑施工一线管理和操作岗位为主,在管理岗位中施工员人数居多;在操作岗位中钢筋工、砌筑工需求量大。为此,本系列教材将培养目标定位为:培养与我国社会主义现代化建设要求相适应,具有综合职业能力,能从事工业与民用建筑的钢筋工、砌筑工等其中一种的施工操作,进而能胜任施工员管理岗位的中级技术人才。

本套系列教材编写的指导思想是:坚持以社会就业和行业需求为导向,适应我国建筑行业对人才培养的需求;适合目前中职教育教学的需要和中职学生的学习特点;着力培养学生的动手和实践能力。在教材编写过程中,遵循"以能力为本位,以学生为中心,以学习需求为基础"的原则。在内容取舍上坚持"实用为准,够用为度"的原则,充分体现中职教育的特点和规律。

本系列教材编写具有如下特点:

1. 采用灵活的模块化课程结构,以满足不同学生的需求。系列教材分为两个课程模块:通用模块、岗位模块(包括管理岗位和操作岗位两个模块),学生可以有选择性地学习不同的模块课程,以达到不同的技能目标来适应劳动力市场的需求。

2. 知识浅显易懂,精简理论阐述,突出操作技能。突出操作技能和工序要求,重在技能操作培训,将技能进行分解、细化,使学生在短时间内能掌握基本的操作要领,达到"短、平、快"的学习效果。

3. 采用"动中学""学中做"的互动教学方法。系列教材融入了对教师教学方法的建议和指导,教师可根据不同资源条件选择使用适宜的教学方法,组织丰富多彩的"以学生为中心"的课堂教学活动,提高学生的参与程度,坚持培养学生能力为本,让学生在各种动手、动口、动脑的活动中,轻松愉快地学习,接受知识,获得技能。

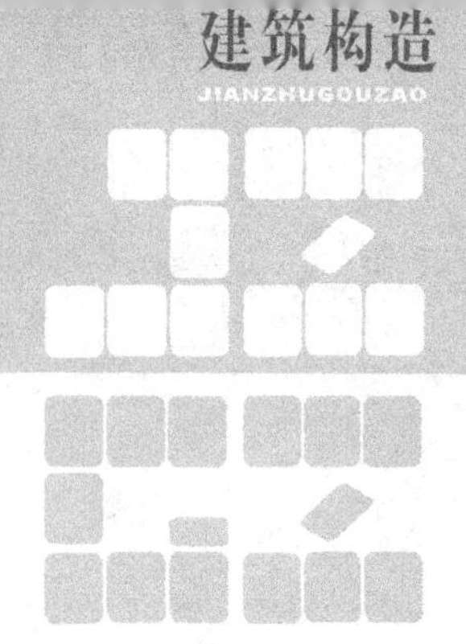

4. 表现形式新颖、内容活泼多样。教材辅以丰富的图标、图片和图表。图标起引导作用，图片和图表作为知识的有机组成部分，代替了大篇幅的文字叙述，使内容表达直观、生动形象，能吸引学习者兴趣。教师讲解和学生阅读两部分内容，分别采用不同的字体以示区别，让师生一目了然、清晰明白。

5. 教学手段丰富、资源利用充分。根据不同的教学科目和教学内容，教材中采用了如录像、幻灯、实物、挂图、试验操作、现场参观、实习实作等丰富的教学手段，并建立了资源网站，有利于充实教学方法，提高教学质量。

6. 注重教学评估和学习鉴定。每章结束后，均有对教师教学质量的评估、对学生学习效果的鉴定方法。通过评估、鉴定，师生可得到及时的信息反馈，以利不断地总结经验，提高学生学习的积极性、改进教学方法，提高教学质量。

本系列教材可以供中等职业教育工业与民用建筑专业学生使用，也可以作为建筑从业人员的参考用书。

该系列教材在编写过程中得到重庆市教育委员会、后勤工程学院、重庆市教育科学研究院和重庆市建设岗位培训中心的指导和帮助，尤其是重庆市教育委员会刘先海、张贤刚、谢红，重庆市教育科学研究院向才毅、徐光伦等为本系列丛书的出版付出了艰辛劳动。同时，本系列丛书从立项论证到编写阶段都得到澳大利亚职业教育专家的指导和支持，在此表示衷心的感谢！

江世永

2007 年 8 月于重庆

第2版前言

本书为教育部职业与成人教育司推荐教材，是中澳职教项目成果之一，采用澳大利亚先进职教理念，并结合我国职教特色编写而成。

本书第1版出版近5年了，这期间我国的国民经济又有了新的发展，在建筑业方面尤其突出。建筑业管理体制的改革、建筑科学的进步、建筑材料的更新、建筑施工机械化的提高及建筑规模的扩大，都为建筑业的快速且稳步发展提供了先决条件。与此同时，也紧迫地催促建筑教育必须与时俱进，跟上形势，及时修订教材，删除旧内容，补充新知识、新技术，同时强化综合练习以提高学生掌握和应用基础知识的能力，为建筑行业生产第一线、管理第一线输送高素质劳动者和职业技能人才服务。

本次修订工作，重点是强调“适用、安全、经济、美观”及“节能、环保、以人为本”等建筑理念。近年来，国家分别对不同地区历年沿用的污染重、能耗高的建筑材料和工程做法采取了淘汰或限期淘汰措施；同时又大力推广一大批无污染、低能耗、体现新时代风貌的新建筑材料和相应的施工工艺，坚定走“可持续发展”的道路。

当然，由于我国地域十分辽阔，水文、地质、气象、地方材料和传统习惯千差万别，经济实力也不尽相同；再加上编者眼界所限，很难将教材编写得面面俱到，尽善尽美。在教学实践中，各地根据实际情况可予以补充、删减和修正。

本次修订删掉了部分使用较少或基本没用的内容，同时也增加了一些新的知识，教材更加精炼，为学生提供一个学以致用的适度空间，满足“适用为准、够用为度”的原则。教材自出版以来，收到众多学校的反馈意见，在此也向提出宝贵建议的建筑行业专家们表示衷心的感谢。

本书配套的多媒体资源（PPT、动画等），请联系重庆大学出版社教学服务人员（电话：023-88617142，QQ：39700734）索取。

编　者
2012年9月6日

第1版前言

本书是根据中等职业学校《建筑行业技能型紧缺人才培养培训指导方案》的总体要求，在中等职业建筑工程专业教学大纲的基础上，根据中、澳合作项目中等职业教育建筑专业能力标准，并结合我国职业教育的特点编写的。

本课程是工业与民用建筑专业的主要课程之一，是建筑施工技术等专业课的基础课程。本课程的教学任务是了解房屋的组成，重点掌握民用建筑构造知识。

教学时间分配：

序号	课程内容	课时分配
1	民用建筑概述	8(讲)
2	基础与地下室	8(讲)　4(参观)
3	墙　体	10(讲)　4(练习或参观)
4	楼板与地面	8(讲)　4(参观)
5	楼梯与电梯	4(讲)　2(参观)
6	门与窗	6(讲)　2(练习或参观)
7	屋　顶	8(讲)　4(练习或参观)
机动		6 课时
小计		58(讲)　20(练习或参观)
合计		78(学时)

本书在体系和教学内容上，以“够用为度”为原则，力求简明扼要、通俗易懂、语言规范、层次分明。本书可作为中等职业学校建筑工程专业教材，也可作为生产一线的建筑工程技术人员的参考用书。

本书由重庆市荣昌职教中心杨志刚任主编，重庆市三峡水利电力学校谭向荣、解放军后勤工程学院张健任副主编，解放军后勤工程学院江世永任主审。编写工作分工如下：第1章由重庆市荣昌职教中心喻权坚编写，第2章由重庆市荣昌职教中心杨志刚编写，第3章由解放军后勤工程学院张健编写，第4章由重庆市荣昌职教中心张合元编写，第5,6,7章由重庆市三峡水利电力学校谭向荣编写。

本书在编写过程中参考了一些书籍，在此向有关编著者表示衷心的感谢。由于编者水平有限，教材中如有疏漏和差错之处，诚望读者提出宝贵意见。

编　者

2007 年 2 月

目　录

1 民用建筑概述

本章内容简介

《建筑构造》简介

民用建筑的分类和分级

民用建筑的组成

建筑模数协调统一标准

本章教学目标

了解学习建筑构造课的意义及方法

熟悉民用建筑的分类及组成

了解建筑模数协调统一标准

问题引入

就像外科医生必须学习人体解剖学一样，建筑工程技术人员必须学习建筑构造，了解房屋的构造组成。那么，学习之初，你肯定会问什么是民用建筑？有哪些分类和分级？它由哪些部分组成？什么是建筑标准化和建筑模数？下面，就带大家一起去认识民用建筑。

1.1 《建筑构造》简介

一栋房屋是由许多部分组合而成的，这些组成部分在建筑上称为构配件或组合件。各部分的构造是怎样的？各部分是怎样组合起来的？这是建筑工程技术人员应该了解的，也是本书所要介绍的。本书主要介绍民用建筑构造。

组成房屋的不同构配件起不同的作用，导致它们的构造各不相同。同一种构件，处于不同的环境或制作材料不同，其构造亦不相同。建筑工程技术人员要正确理解设计意图并进行施工，必须了解各构配件的构造原理及构造方法。

建筑构造是一门实践性很强的学科，学习时应理论联系实际。只有理论和实践联系起来了，学习才能轻松自如。

建筑构造内容庞杂，随着科学技术的进步，新材料的使用，同一种构配件的构造也在变化，仅靠学校的学习是远远不够的。这就要求建筑工程技术人员具备较强的自学能力，要能阅读各种建筑规范和构配件标准图集，养成终身学习的习惯。

本书力求内容浅显易懂，部分内容可由学生自己阅读。

1.2 民用建筑的分类和分级

1.2.1 民用建筑的分类

1）按使用功能分类

（1）居住建筑　如住宅、集体宿舍等。

（2）公共建筑　如体育馆、影剧院、教学楼、展览馆、商场、办公楼、医院、宾馆等。

2）按建筑规模和数量分类

（1）大量性建筑　数量多、体量不大、分布面广的建筑，如住宅、中小型的商店、教学楼、办公楼等。

(2)大型性建筑　体量大、造价高的大型建筑,如大型的体育馆、影剧院、航空港、博览馆、商场等。

3)按建筑的层数或高度分类

按建筑的层数或高度分类,见表1.1。

表1.1　按建筑的层数或高度分类表

高层建筑	10层及以上居住建筑,高度超过24.0 m的公共建筑
超高层建筑	建筑高度大于100 m的民用建筑
非高层建筑	9层及以下的居住建筑,高度大于24.0 m的单层公共建筑,高度≤24.0 m的公共建筑

4)按主要承重构件的材料分类

按主要承重构件的材料分类,见表1.2。

表1.2　按主要承重构件的材料分类表

结构名称	承重构件所用材料	结构名称	承重构件所用材料
木结构	木材	砖混结构	砖、钢筋混凝土
砖石结构	砖、石材	钢结构	钢材
砖木结构	砖、木材	钢筋混凝土结构	钢筋混凝土

砖石结构建筑如图1.1所示,砖混结构建筑如图1.2所示,钢筋混凝土结构建筑如图1.3所示。

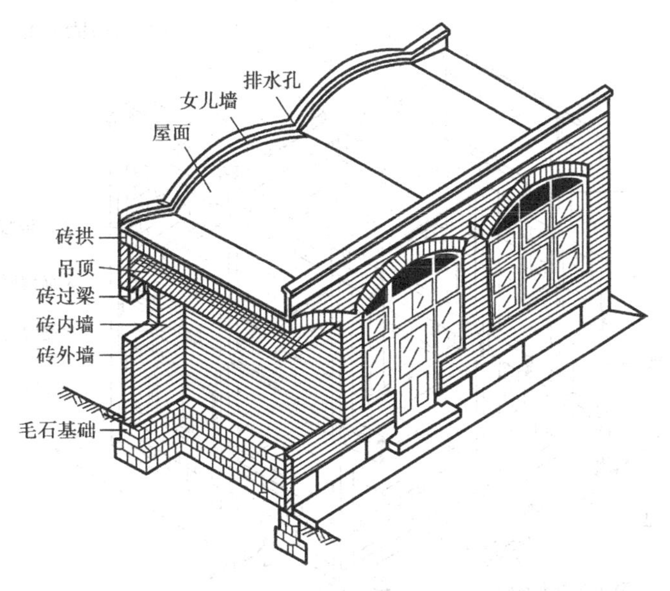

图1.1　砖石结构建筑

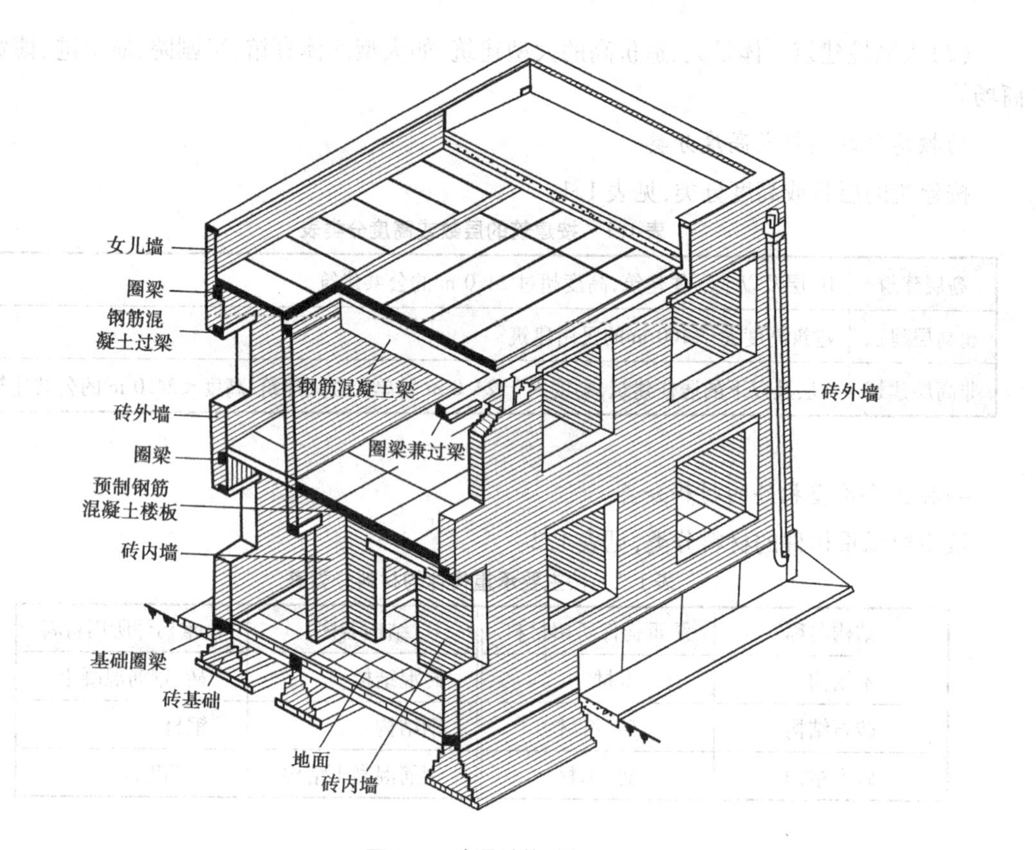

图 1.2 砖混结构建筑

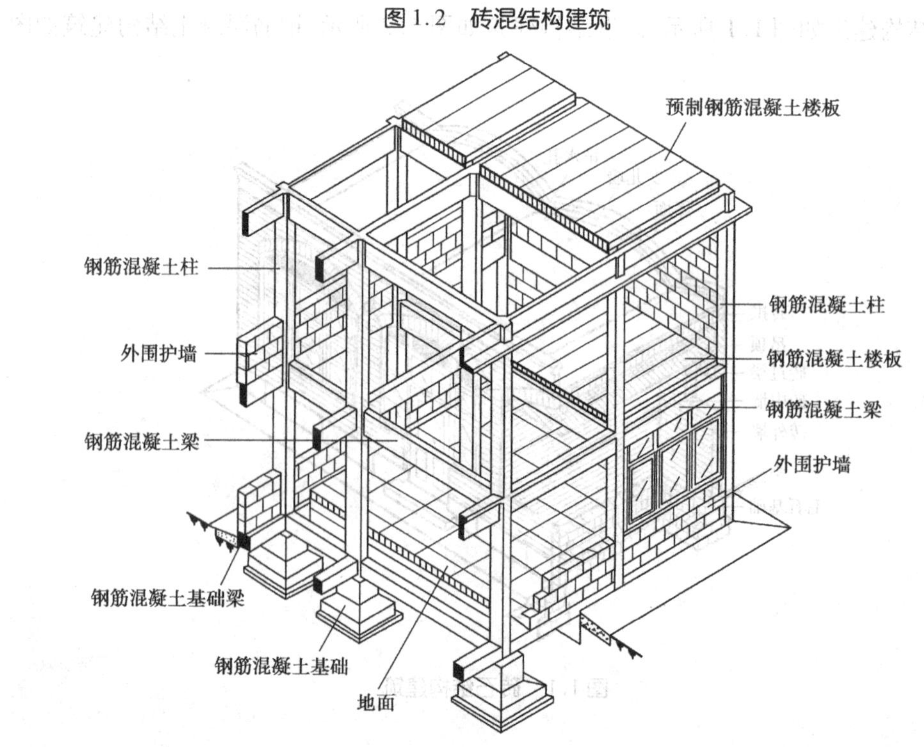

图 1.3 钢筋混凝土结构建筑

5)按民用建筑结构的设计使用年限分类

按建筑结构的设计使用年限分类,见表1.3。

表1.3 民用建筑结构设计使用年限分类表

类别	设计使用年限(年)	示 例
1	5	临时性建筑
2	25	易于替换结构构件的建筑
3	50	普通房屋和构筑物,如住宅楼、办公楼、教学楼等
4	100	纪念性建筑和特别重要的建筑,如北京人民大会堂、中国国家博物馆、纪念馆等

1.2.2 民用建筑的分级

1)按房屋建筑结构破坏的严重性分级

按房屋结构破坏可能产生的后果(危及人的生命、造成经济损失、产生社会影响等)的严重性分安全等级,见表1.4。

表1.4 房屋建筑结构的安全等级

安全等级	破坏后果	建筑物类型
一级	很严重	重要的房屋
二级	严重	一般的房屋
三级	不严重	次要的房屋

2)按建筑物的耐火性分级

建筑物的耐火性,由建筑物的主要构件(如墙、柱、梁、楼板、屋顶等)的燃烧性能和耐火极限决定。民用建筑按其耐火性划分耐火等级,见表1.5。

表1.5 民用建筑的耐火等级

单位:h

构 件		耐火等级			
		一级	二级	三级	四级
墙	防火墙	不燃烧体3.00	不燃烧体3.00	不燃烧体3.00	不燃烧体3.00
	承重墙	不燃烧体3.00	不燃烧体2.50	不燃烧体2.00	难燃烧体0.50
	非承重墙	不燃烧体1.00	不燃烧体1.00	不燃烧体0.50	燃烧体
	楼梯间墙 电梯井墙 住宅单元之间的墙 住宅分户墙	不燃烧体2.00	不燃烧体2.00	不燃烧体1.50	难燃烧体0.50
	疏散走道两侧的隔墙	不燃烧体1.00	不燃烧体1.00	不燃烧体0.50	难燃烧体0.25
	房间隔墙	不燃烧体0.75	不燃烧体0.50	难燃烧体0.50	难燃烧体0.25

续表

构件	耐火等级			
	一级	二级	三级	四级
柱	不燃烧体 3.00	不燃烧体 2.50	不燃烧体 2.00	难燃烧体 0.50
梁	不燃烧体 2.00	不燃烧体 1.50	不燃烧体 1.00	难燃烧体 0.50
楼　板	不燃烧体 1.50	不燃烧体 1.00	不燃烧体 0.50	燃烧体
屋顶承重构件	不燃烧体 1.50	不燃烧体 1.00	燃烧体	燃烧体
疏散楼梯	不燃烧体 1.50	不燃烧体 1.00	不燃烧体 0.50	燃烧体
吊顶(包括吊顶搁栅)	不燃烧体 0.25	难燃烧体 0.25	难燃烧体 0.15	燃烧体

注:①除规范另有规定者外,以木柱承重且以不燃烧材料作为墙体的建筑物,其耐火等级应按四级确定;

②二级耐火等级建筑的吊顶采用不燃烧体时,其耐火极限不限;

③在二级耐火等级的建筑中,面积不超过100 m^2 的房间隔墙,如执行本表的规定确有困难时,可采用耐火极限不低于0.3 h的不燃烧体;

④一、二级耐火等级建筑疏散走道两侧的隔墙,按本表执行确有困难时,可采用0.75 h不燃烧体。

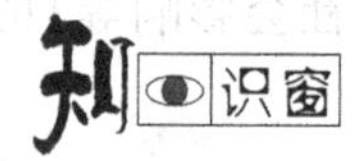

构件的燃烧性和耐火极限

(1)构件的燃烧性　构件的燃烧性分为3类:

①不燃烧体:用不燃烧材料做成的建筑构件,如石材、混凝土、砖等做成的构件。

②难燃烧体:用难燃烧材料制成的建筑构件,或者用可燃烧材料做成而用不燃烧材料做保护层的建筑构件,如水泥刨花板、木板条抹灰的建筑构件等。

③燃烧体:用可燃烧材料做成的建筑构件,如木柱、木屋架、木楼面等。

(2)构件的耐火极限　在标准耐火试验条件下,建筑构件、配件或结构从受到火的作用时起,到失去稳定性、完整性或隔热性时止的这段时间,用小时(h)表示。

练习作业

1. 民用建筑按结构的设计使用年限分为哪几类?
2. 民用建筑按其耐火性分哪几级?

观看幻灯片

民用建筑的分级、分类。

小组讨论

学习建筑构造必须理论与实践相结合,你认为应作哪些方面的实践?

1.3 民用建筑的组成

1.3.1 民用建筑的组成

一般民用建筑由基础、墙或柱、楼板层、地面、楼梯、屋顶、门窗等主要部分组成，如图 1.4 所示。

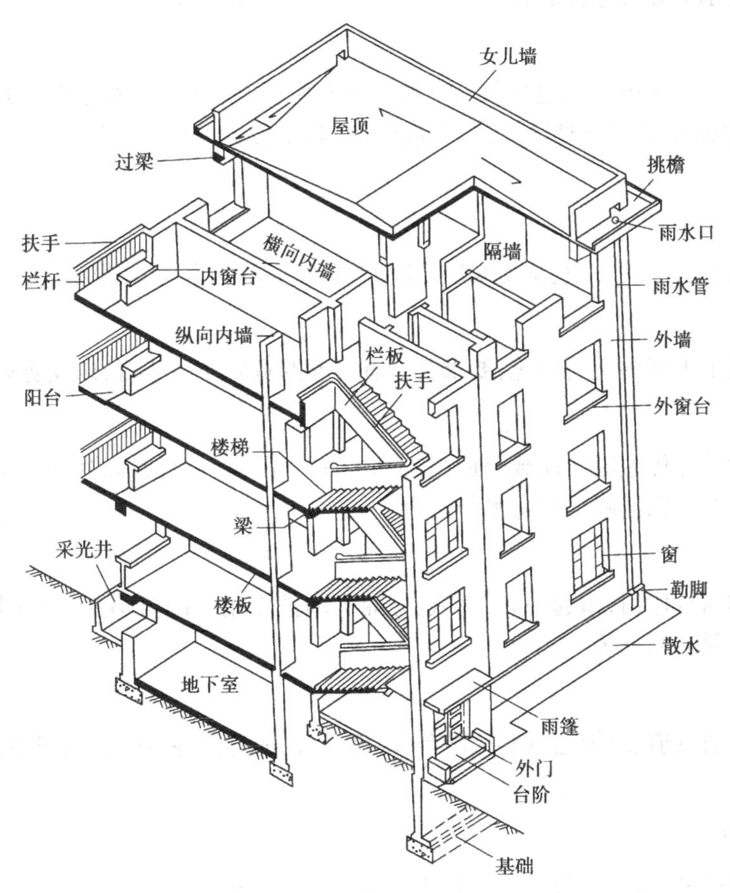

图 1.4 民用建筑的组成

1.3.2 民用建筑各组成部分的作用及要求

1)基础

基础是建筑物最下部位的承重构件，它承受建筑物全部荷载，并将荷载传给基础下部的地基(土层)。基础必须具有足够的强度并能抵御各种有害因素的侵蚀。

2)墙

墙分为承重墙、围护墙和内墙。

①承重墙:作用是承受并传递荷载。

②围护墙:作用是抵抗风、雨、雪、太阳辐射及低温、高热对室内的侵袭。

③内墙:作用是分隔空间,组成房间。

有的墙同时起承重和围护作用,或同时起承重和分隔作用,这就要求墙体具有足够的强度、稳定性、耐久性及保温、隔热、隔声的功能。

3)柱

柱的作用是承受并传递荷载,要求其具有足够的强度和刚度。

4)楼板层

楼板层起着承受荷载并传递荷载以及水平分隔作用,同时对墙体起着水平支撑作用。楼板层应有足够的强度、刚度和良好的隔声性能,对有水侵蚀的房间,还要求具有防潮、防水的能力。

5)地面

地面一般指底层的地坪,它承受底层房间的荷载,要求其坚固、耐磨、防潮等。

6)楼梯

楼梯是联系上下层的交通设施,要求其具有足够的宽度便于通行,以及防火、防滑。

7)屋顶

屋顶起着承受并传递屋面荷载和抵抗风、雨、雪、太阳辐射及低温的作用,要求其具有足够的强度、刚度及耐久、保温隔热和防水的能力。

8)门窗

门起分隔和通行作用;窗起采光、通风、分隔和围护作用。门窗均要求使用方便、坚固,有时还要求保温、隔热、隔声等。

9)其他

其他部分如通风道、垃圾道、烟道、阳台、雨篷等,也都有其各自的作用和要求。

对于民用建筑来说,哪些部分是可有可无的?哪些部分是不可缺少的?

练习作业

阅读图1.1~图1.4,熟悉民用建筑各组成部分的名称及作用。

1.4 建筑模数协调统一标准

问题引入

目前,城市房价居高不下,原因之一就是房屋建筑中大量的工作还是手工劳动,成本较高。如果房屋也能工业化大规模生产,那么其建造成本将有所下降。目前,房屋建筑的工业化生产已是世界建筑业发展的方向,那么怎样才能实现房屋的工业化生产呢?

要实现房屋建筑的工业化大规模生产,就必须推行建筑主体、建筑设备与建筑构配件的标准化和模数化。要实现建筑的标准化和模数化,在确定建筑物及其构配件、组合件等尺寸和位置时,就要遵守一系列规定,这一系列的规定就是建筑模数协调统一标准。

知识窗

构配件:由建筑材料制造成的独立部件,其3个方向有规定尺度。构配件系构件和配件的总称。构件如柱、梁、楼板、墙板、屋面板、屋架等;配件如门、窗等。

组合件:房屋中的功能组成部分,由建筑材料或房屋构配件做成。

1.4.1 建筑模数及模数数列

1)建筑模数

建筑模数是建筑中选定的尺寸单位,作为尺度协调中的增值单位。建筑模数是建筑中专用的尺寸单位,分为基本模数、扩大模数和分模数3类。

基本模数的长度规定为100 mm,其符号为M,即1M=100 mm。

各种模数的符号及其单位长度规定见表1.6。

表1.6 建筑模数

模数名称	基本模数	扩大模数						分模数		
模数符号	1M	3M	6M	12M	15M	30M	60M	1/10M	1/5M	1/2M
单位长度(mm)	100	300	600	1 200	1 500	3 000	6 000	10	20	50

从表 1.6 中可见，扩大模数有 3M、6M、12M、15M、30M、60M；分模数有 1/10M、1/5M、1/2M。基本模数的长度正好是分模数长度的整倍数，扩大模数的长度正好是基本模数长度的整倍数。

2）模数数列

各种模数的增值幅度（取值范围，下同）是有规定的，按其增值幅度和该模数单位长度进级，组成该模数数列。如扩大模数（3M）数列增值幅度规定为 3M（300 mm）至 75M（7 500 mm），按其模数单位长度（300 mm）进级，该模数数列为 300，600，900，1 200，1 500，…，6 900，7 200，7 500。

各模数数列见表 1.7。

表 1.7 模数数列表

单位：mm

基本模数	扩大模数						分模数		
1M	3M	6M	12M	15M	30M	60M	1/10M	1/5M	1/2M
100	300								
200							10		
300	600	600					20	20	
400	900						30		
500	1 200	1 200	1 200				40	40	
600	1 500			1 500			50		50
700	1 800	1 800					60	60	
800	2 100						70		
900	2 400	2 400	2 400				80	80	
1 000	2 700						90		
1 100	3 000	3 000		3 000	3 000		100	100	100
1 200	3 300						110		
1 300	3 600	3 600	3 600				120	120	
1 400	3 900						130		
1 500	4 200	4 200					140	140	
1 600	4 500			4 500			150		150
1 700	4 800	4 800	4 800				160	160	
1 800	5 100						170		
1 900	5 400	5 400					180	180	
2 000	5 700						190		
2 100	6 000	6 000	6 000	6 000	6 000	6 000	200	200	200
2 200	6 300							220	
2 300	6 600	6 600						240	
2 400	6 900								250
2 500	7 200	7 200	7 200					260	

续表

基本模数	扩大模数						分模数		
2 600	7 500			7 500				280	
2 700		7 800						300	300
2 800		8 400	8 400					320	
2 900		9 000		9 000	9 000			340	
3 000		9 600	9 600		6 000				350
3 100				10 500				360	
3 200			10 800					380	
3 300			12 000	12 000	12 000	12 000		400	400
3 400					15 000				450
3 500					18 000	18 000			500
3 600					21 000				550
					24 000	24 000			600
					27 000				650
					30 000	30 000			700
					33 000				750
					36 000	36 000			800
									850
									900
									950
									1 000

3)《建筑模数协调统一标准》规定的各模数数列的增值幅度

(1)基本模数数列增值幅度

水平基本模数 1M 数列:增值幅度为 1M ~20M;

竖向基本模数 1M 数列:增值幅度为 1M ~36M。

(2)扩大模数数列增值幅度

①水平扩大模数数列增值幅度:

3M 数列:增值幅度为 3M ~75M;

6M 数列:增值幅度为 6M ~96M;

12M 数列:增值幅度为 12M ~120M;

15M 数列:增值幅度为 15M ~120M;

30M 数列:增值幅度为 30M ~360M;

60M 数列:增值幅度为 60M ~360M,必要时幅度不限制。

②竖向扩大模数数列增值幅度:

3M 数列:增值幅度不限制;

6M 数列:增值幅度不限制。

③分模数数列增值幅度:

1/10M 数列:增值幅度为 1/10M ~ 2M;

1/5M 数列:增值幅度为 1/5M ~ 4M;

1/2M 数列:增值幅度为 1/2M ~ 10M。

4)模数数列的适用范围

(1)基本模数数列的适用范围　水平基本模数数列,主要用于门窗洞口和构配件截面等处;竖向基本模数数列,主要用于建筑物层高、门窗洞口和构配件截面等处。

(2)扩大模数数列的适用范围　水平扩大模数 3M、6M、12M、15M、30M、60M 的数列,主要用于建筑物的开间或柱距、进深或跨度、构配件尺寸和门窗洞口等处;竖向扩大模数 3M 数列,主要用于建筑物高度、层高和门窗洞口等处。

(3)分模数数列的适用范围　分模数 1/10M、1/5M、1/2M 的数列,主要用于缝隙、构造节点、构配件截面等处。

5)非模数化尺寸的使用

房屋建筑的墙体、楼板的厚度和构配件截面的尺寸等,可采用非模数化尺寸。

1.4.2　模数协调中的有关规定

1)标志尺寸与构造尺寸

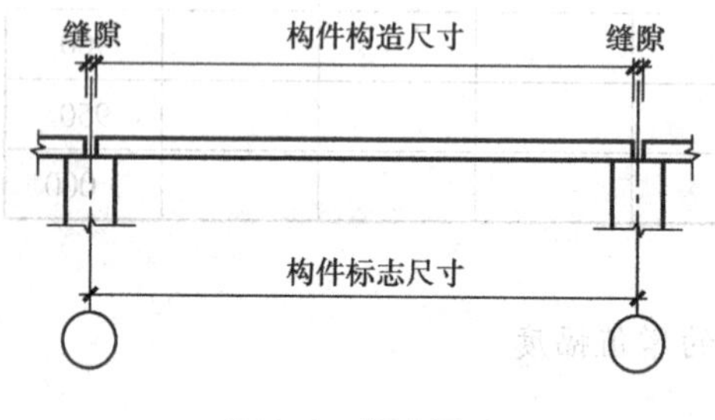

图 1.5　标志尺寸

(1)标志尺寸　符合模数数列的规定,用以标注建筑物定位轴线间的距离(如开间或柱距、进深或跨度、层高等)以及建筑构配件、建筑组合件、建筑制品及有关设备界限之间的尺寸为标志尺寸,如图 1.5 所示。

(2)构造尺寸　构造尺寸是指建筑构配件、建筑组合件、建筑制品等的设计尺寸。一般情况下,标志尺寸 = 构造尺寸 + 缝隙尺寸。这里的缝隙尺寸一般符合分模数数列的规定,如图 1.5 所示。

2)房屋的层高与净高

(1)层高　层高是指该层楼面(或地面)上表面到上一层楼面上表面的垂直距离,如图1.6 所示。

公共建筑的层高采用扩大模数 3M 数列,如 3 300,3 600,3 900,…;住宅楼的层高采用基本模数 1M 数列,如 2 700,2 800,2 900,3 000 mm。

(2)净高(室内高度)　净高是指楼地面面层(完成面)至上层结构层(梁、板)底面,或顶棚下表面之间的有效使用空间的垂直距离,如图 1.6 所示。

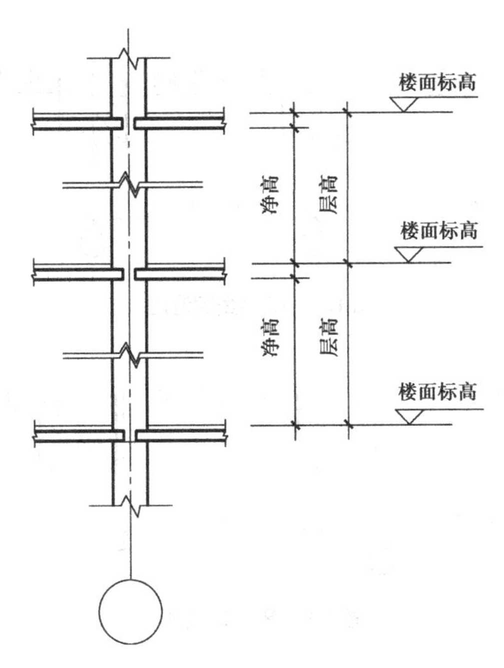

图 1.6　层高和净高

3)定位轴线

定位轴线是标志建筑物主要承重构件的位置和构件间相互位置关系的基准线。相邻两定位轴线间的距离一般选用扩大模数作其增值单位,如图 1.7 所示。

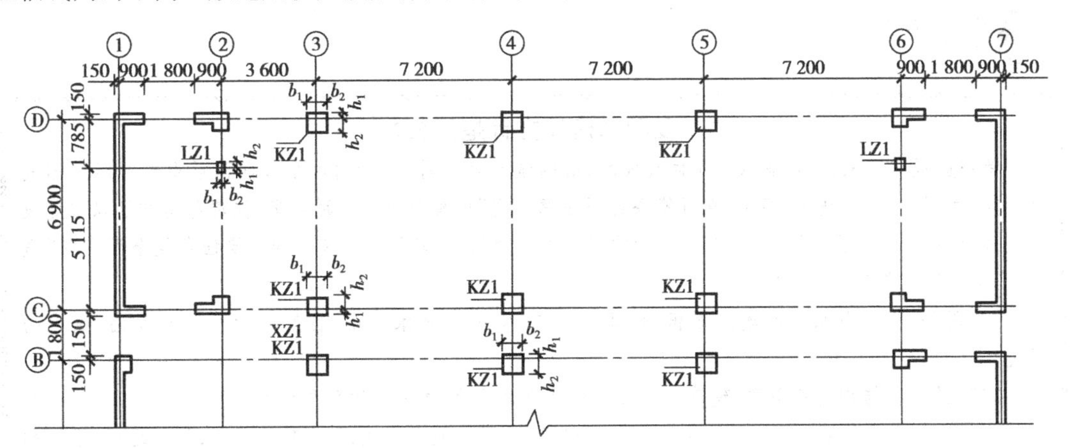

图 1.7　房屋平面定位轴线示例

图 1.7 中,定位轴线间的距离采用扩大模数 3M 数列,1 800,3 600,7 200,6 900 mm。

4)柱、墙等部件的定位

柱、墙等部件的定位可采用中心线定位法(见图 1.8)和界面定位法(见图 1.9),或混合定位方法。

注:如遇到采用非对称部件(如外墙)的情况,轴线可不与部件的中心线重合。

注:图中 $n \times M$、$n_1 \times M$、$n_2 \times M$ 表示扩大模数。

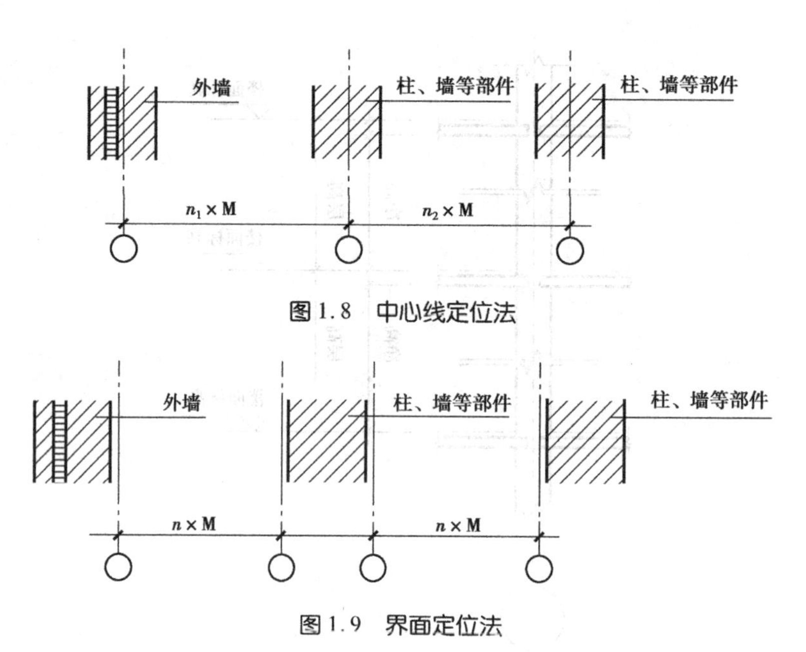

图 1.8　中心线定位法

图 1.9　界面定位法

5)开间与进深

开间:两相邻横向定位轴线之间的距离。

进深:两相邻纵向定位轴线之间的距离。

在图 1.7 中,房间的开间尺寸分别为 3 600,7 200 mm,进深尺寸都是 6 900 mm。

我国的建筑方针是什么?

新中国成立以来,建筑业取得了巨大成就,旧的城市日新月异,新的城市如同雨后春笋。新中国成立初期,我国曾提出"适用、经济、在可能条件下注意美观"的建筑方针。近年来,住建部总结了以往建设的实践经验,结合我国实际情况,制定了新的建筑技术政策,明确指出建筑业的主要任务是全面贯彻"适用、安全、经济、美观"的方针。

"适用"是指恰当地确定建筑面积、合理的布局、必需的技术设备、良好的设施以及保温、隔声的环境。

"安全"是指结构的安全度,建筑物耐火等级及防火设计、建筑物的耐久年限等。

"经济"主要是指经济效益。它包括节约建筑造价,降低能源消耗,缩短建设周期,降低运行、维修和管理费用等,既要注意建筑物本身的经济效益,又要注意建筑物的社会和环境的综合效益。

"美观"是在适用、安全、经济的前提下,把建筑美和环境美作为设计的重要内容,搞好室内外环境设计,为人们创造良好的工作和生活条件。政策中还提出对待不同建筑物、不同环境,要有不同的美观要求。

总而言之,设计者在设计过程中应区别不同的建筑,处理好"适用、安全、经济、美观"之间的关系。

活动建议

1. 参观在建工程，熟悉民用建筑的主要构件名称、作用及要求。

2. 请老师给学生提供一套房屋底层平面图，讨论图上标注的尺寸是否符合建筑模数协调统一标准。

小组讨论

怎么测量您所在教室的层高和净高？如果是坡屋面，怎样测量其层高和净高？（后一个问题书中没讲，同学们可以请教专业老师或查阅资料解决。这类问题在今后工作中会经常遇到。）

练习作业

1. 什么是建筑模数数列？
2. 竖向扩大模数 3M 数列主要适用于哪些地方？
3. 什么是标志尺寸、构造尺寸？它们之间有什么关系？
4. 什么是楼房的层高、净高、开间和进深？

学习鉴定

1. 选择题

(1) 你所在学校的教学楼属于：

□大量性建筑　　□大型建筑　　□民用建筑
□工业建筑　　□公共建筑　　□居住建筑
□高层建筑　　□木结构建筑　　□砖木结构建筑
□砖石结构建筑　　□砖混结构建筑　　□钢结构建筑
□钢筋混凝土结构建筑

(2) 你的教室的门属于：

□非燃烧体　　□难燃烧体　　□燃烧体

(3) 你的教室的窗属于：

□非燃烧体　　□难燃烧体　　□燃烧体

2. 填空题

(1)写出2个居住建筑的实例:__________、__________。

(2)写出2个公共建筑的实例:__________、__________。

(3)写出2个大量性建筑的实例:__________、__________。

(4)写出2个大型性建筑的实例:__________、__________。

(5)写出1个木结构建筑的实例:__________。

(6)写出1个砖木结构建筑的实例:__________。

(7)写出1个砖石结构建筑的实例:__________。

(8)写出1个砖混结构建筑的实例:__________。

(9)按建筑物的设计使用年限,把建筑物分为________类。

(10)按建筑物的耐火性,把建筑物分为________级。

(11)列出几个当地能买到的房屋标准化构件:____。

(12)列出3本你所见到或知道的建筑标准图集名称:____。

(13)你教室的门在________标准图集______页上能找到,它的代号是_______。

3. 问答题

(1)房屋一般由哪些基本构件组成?

(2)屋顶在房屋中的作用是什么?

(3)基础在房屋中的作用是什么?

(4)根据基础的作用,谈谈基础的构造要求。

(5)建筑模数协调统一标准包括一系列规定,本教材介绍的规定内容有哪些?

见本书附录或光盘。

2 基础与地下室

本章内容简介

认识基础

常用基础的构造

基础的埋置深度

基础的防潮

地下室的构造

本章教学目标

熟悉基础的分类及要求

掌握常用基础的构造要求

熟悉常用基础的防潮做法

熟悉地下室的防潮、防水做法

问题引入

同学们知道“高楼万丈平地起”的含义吗？基础作为建筑物的最下面部位，承受着建筑物的全部荷载，是建筑物的重要组成部分。那么基础有哪些类型？基础的构造做法是怎样的？基础怎样防潮呢？下面，就带大家一起去认识基础。

2.1 认识基础

2.1.1 基础的作用及对地基的要求

1）基础的作用

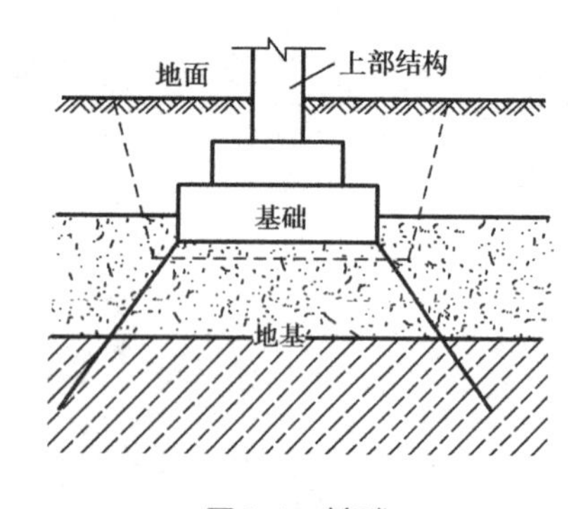

图2.1 基础

在建筑工程中，建筑物的墙或柱深入土中的扩大部分称为基础，是建筑物的一部分，如图2.1所示。支承建筑物重量的土层称为地基，它不是建筑物的组成部分。基础承受建筑物的全部荷载，并将它们传给地基。而地基不是建筑物的基础部分，只是承受荷载的土壤层。

2）对地基的要求

基础设计对地基有如下要求：

①建造地址应尽可能选择在地基情况好或较好的地段。所谓好和较好地段是指地基土的承载力较高且分布均匀。好和较好的土可分为岩石类、碎石类、砂性土类和粘性土类，它们的承载力都在100 kPa以上，最高可达4 MPa。地基的承载力要力求均匀，以保证在荷载作用下沉降均匀不致失稳，否则极易引起墙身开裂、倾斜甚至破坏。

②地基应有较好的持力层和下卧层。地基在荷载作用下产生应力（反力）和应变（变形），其应力与应变值随着深度的增加而减少，到一定深度时，应力与应变值即可忽略不计。直接与基础底面接触且需要计算的土层称为持力层，持力层以下的土层称为下卧层，它一般不需计算但也必须有足够的强度和厚度。这些都是确定基础底面积和埋置深度的主要依据。

2.1.2 地基的分类及加工方法

1）地基的分类

地基有天然地基和人工地基之分，应尽可能采用天然地基。天然地基是指具有足够承载力的天然土层，不需经人工改善或加固便可以直接在天然土层上建造基础。如果天然土层的承载力不能满足荷载要求，则不能直接在其上建造基础，必须对其进行人工加固以提高它的承载力。经过人工加固的地基称为人工地基。人工地基较天然地基费工费料,造价较高,只有在天然土层承载力差、建筑物总荷载大的情况下方宜采用。

2)人工地基的加工方法

人工地基的加工方法有3大类,即压实法、换土法和打桩法。

(1)压实法　用重锤或压路机将较弱的土层夯实或压实,挤出土层颗粒间的空气,提高土的密实度以增加土层的承载力。这种做法不用材料,比较经济,适用于土层承载力与设计要求相差不大的情况。

(2)换土法　当地基土的局部或全部为软弱土,不宜用压实法加固时(如淤泥、沼泽、杂填土、洞等),可将局部或全部软弱土清除,换以好土,如粗砂、中砂、砂石料、灰土等。这种人工地基造价较压实法高。

图2.1中虚线表示软弱土层实际范围,挖方时应在受力方面适当加宽、加深,并挖至老土层,且呈台阶状。每级台阶高度不大于500 mm,退台长度不小于1 000 mm,然后分层夯填好土。要避免挖成陡坡锅底状,以防造成应力集中,导致局部不均匀下沉。

更换的好土应就地取材,如填夯粘土、灰土,水灌粗砂、中砂,虚填砂石混合料等。尤其应注意的是,局部换土的选土应与周围土质接近,防止换土部分过硬或过软造成沉降不匀。

(3)打桩法　打桩法是在软弱土层中置入桩身,将建筑物建造在桩上,所以也可称为桩基础。这种人工地基适用于地基承载力较小,建筑物总荷载较大的情况,造价较高。

①桩基的组成:桩基由桩身和承台梁(或板)组成,如图2.2所示。桩基是按照设计的点位将桩身置入土中的,在桩的顶部灌注钢筋混凝土承台梁,承台梁上接柱或墙体,以便将建筑物荷载均匀地传递到桩基上。在寒冷地区,承台梁下应铺设厚100 mm左右的粗砂或焦渣,以防止土壤冻胀引起承台梁的反拱破坏。

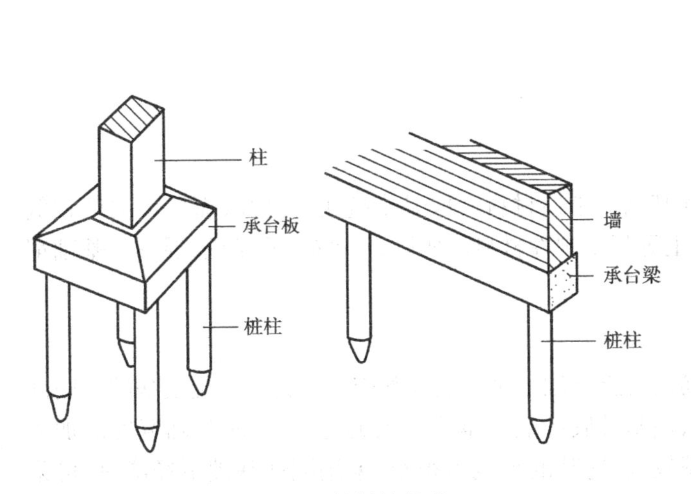

图2.2　桩基的组成

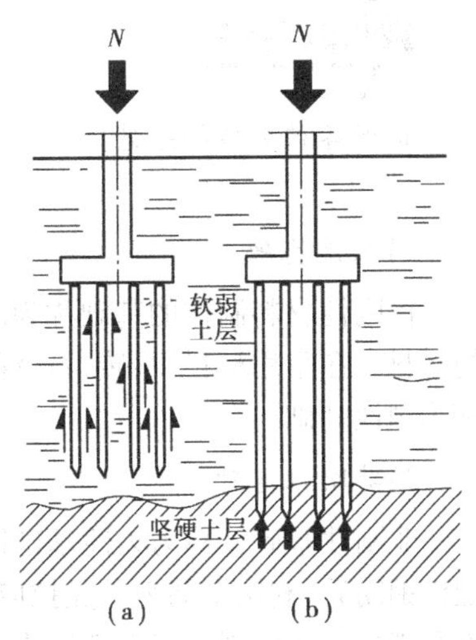

图2.3　桩基受力的类型
(a)摩擦桩;(b)端承桩

②桩基分类:桩基按受力情况可分为端承桩和摩擦桩。端承桩是将桩尖直接支承在岩石或硬土层上,用桩身支承建筑物的总荷载,也称为柱桩。这种桩适用于坚硬土层较浅、荷载较

大的工程。摩擦桩只是用桩挤实软弱土层,靠桩壁与土壤的摩擦力承担总荷载。这种桩适合坚硬土层较深、总荷载较小的工程,如图2.3所示。

③桩基布点:桩基布点是按承重结构的形式确定的。独立柱承重结构可用点式布置。点式布置还可根据桩的承载力和荷载大小选择单桩、双桩或多桩布置,并用承台板联合为一体共同承受独立柱的荷载,如图2.4所示。

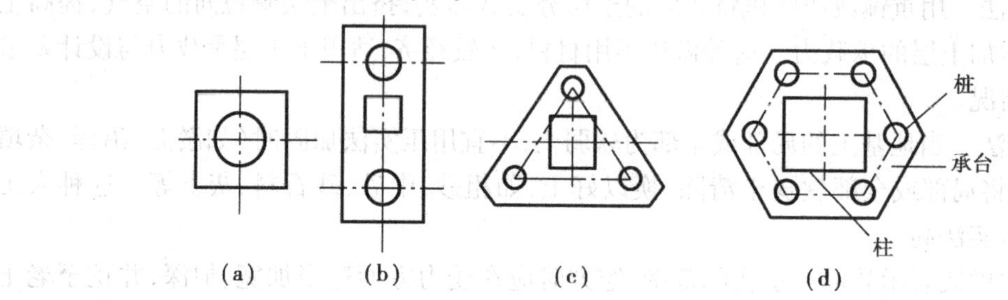

图2.4 点式桩的平面布置

(a)单桩;(b)双桩;(c)三桩;(d)六桩

承重结构为带形墙或密集柱时,则应采用带形布置,并用带形承台梁联合为一体共同承受上部荷载。带形布置又可根据桩径、桩距和荷载情况选择单排式、双排交错式或双排行列式。

2.1.3 基础的类型

民用建筑的基础,按构造可分为:条形基础、独立柱基础、板式基础、箱形基础等;按材料可分为:砖基础、条石基础、毛石基础、混凝土基础、钢筋混凝土基础等;按基础使用材料及其受力特点可分为:刚性基础和非刚性基础。

认识各种类型的基础。

1)刚性基础

由刚性材料制作的基础称为刚性基础。刚性材料一般是指抗压强度高,而抗弯强度较低的材料。在常用材料中,砖、石、混凝土等都是刚性材料。所以,砖基础、石基础、混凝土基础都称为刚性基础。

2)非刚性基础

非刚性基础又称为柔性基础钢筋混凝土基础就是非刚性基础。因为在混凝土基础的底部配以钢筋后,利用钢筋来承受拉应力,使基础底部能够承受较大的弯矩,这时基础宽度的加大不受刚性角的限制。当上部结构荷载较大、地基的承载力很小,采用刚性基础不经济时,可采用钢筋混凝土基础。

1.常见的基础类型有哪些?

2. 何为刚性基础？试举例说明。

2.2 常用基础的构造

2.2.1 条形基础

砌体结构的房屋，其承重墙下的基础常采用连续的长条形基础，称为条形基础。条形基础由垫层、大放脚、基础墙3部分组成。下面介绍各种材料制成的条形基础。

1）砖基础

砖砌条形基础由垫层、砖砌大放脚、基础墙3部分组成。

（1）垫层　垫层一般为C10混凝土，高100～300 mm，挑出100 mm。除用混凝土垫层外，也可用三七灰土、碎砖三合土、砂垫层等。

（2）大放脚　大放脚分为等高式和间隔式。等高式是每两皮砖放出1/4砖，即高120 mm，宽60 mm；间隔式是每两皮砖放出1/4砖，与每皮砖放出1/4砖相间隔，即高120 mm，宽60 mm，又高60 mm，宽60 mm相间隔，如图2.5所示。

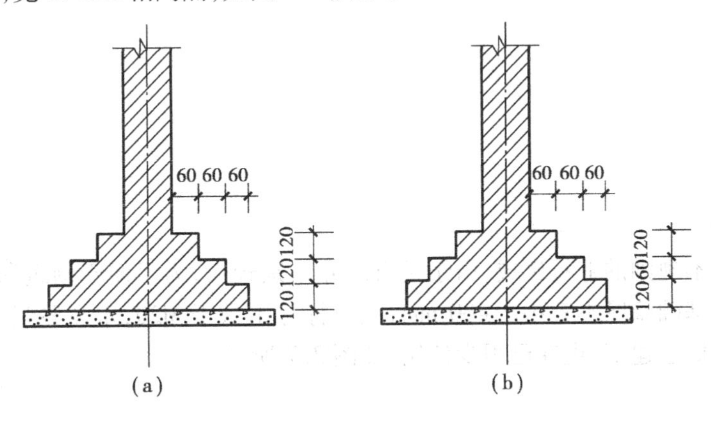

图2.5　砖基础

（a）等高式；（b）间隔式

（3）基础墙　基础墙厚一般同上部墙厚，或大于上部墙厚。基础埋于地下，经常受潮，而砖的抗冻性差，因此，砌筑基础的材料要求：砖不宜低于MU7.5，砂浆不低于M2.5，一般采用MU10砖，M5水泥砂浆砌筑。

阅读理解

刚性角

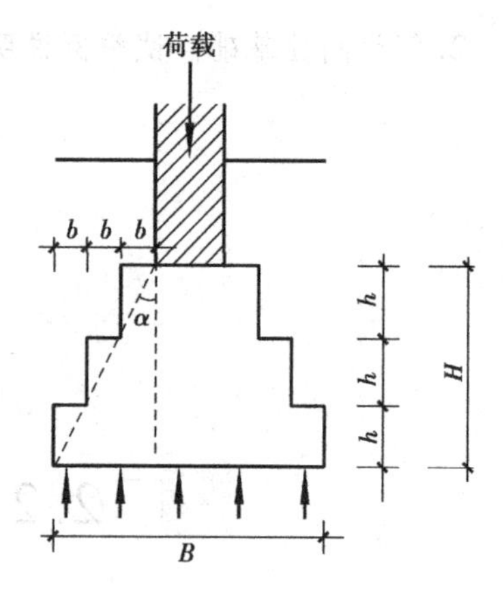

图2.6　刚性基础的受力、传力特点

基础大放脚及垫层的受力如同倒置的悬臂梁，在地基的作用下，产生很大的拉应力。当所受拉应力超过基础材料的容许拉应力时，则大放脚及垫层开裂而破坏。实践证明，大放脚和垫层控制在某一角度内，则不会被拉裂，该角称为刚性角，如图2.6所示。刚性角：$\cot\alpha = h/b$。各种材料的刚性角不同，一般h/b值是：砖为1.5，毛石1.25～1.5，混凝土为1～1.25，灰土为1.25～1.5。

观察思考

1. 砖砌条形基础由哪几部分构成？说一说它们的具体做法。
2. 你见过哪些砖基础？

练习作业

绘制等高式和间隔式基础的剖面图。已知设计底宽为1 200 mm，埋深为1 540 mm，墙厚为240 mm，室内外高差为300 mm，垫层为C10混凝土，厚100 mm，比例为1∶30。

2）毛石基础

毛石基础用不规则的毛石砌成，由于毛石尺寸差别较大，为了便于砌筑和保证质量，毛石基础台阶高度和基础墙厚不宜小于400 mm，毛石标号不低于M20，水泥砂浆不低于M5，主要用于荷载不大的低层建筑，现在已很少使用，如图2.7所示。

观察思考

1. 你所在地区用过毛石基础吗？
2. 据你所知，哪些地方常用毛石基础？

3）条石基础

条石基础是用人工加工的条形石块，用M2.5水泥砂浆或M5水泥砂浆砌筑而成的基础。

剖面有矩形、阶梯形和梯形等多种形式，如图 2.8 所示。

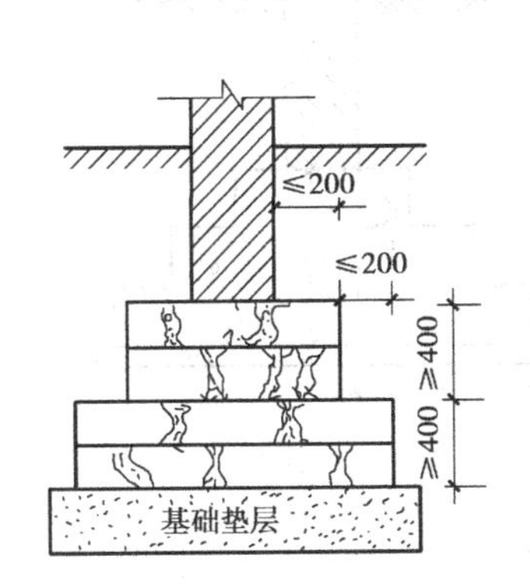

图 2.7 毛石基础

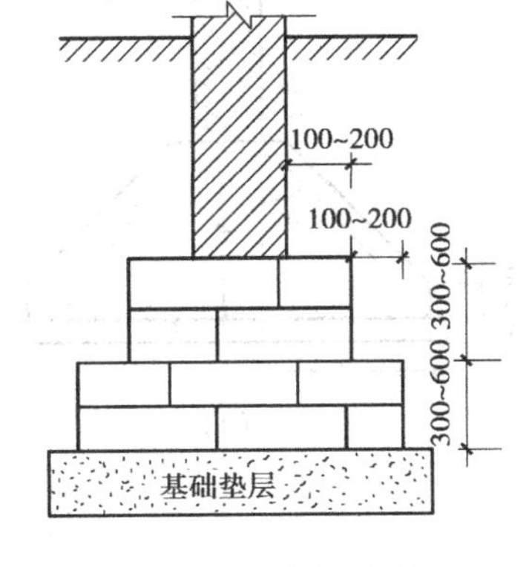

图 2.8 条石基础

条石规格为：大连二 300 mm×300 mm×1 000 mm，丁头石 300 mm×300 mm×600 mm；小连二 250 mm×250 mm×1 000 mm，丁头石 250 mm×250 mm×500 mm。

条石基础在砌筑时与砖基础一样，应上下平整，错缝搭接，灰缝饱满。条石基础主要用于中、低层民用建筑。

观察思考

1. 你所在的地区用条石基础吗？
2. 你见过的条石主要有哪几种规格？

练习作业

绘制毛石基础、条石基础的剖面图。

4）混凝土基础

混凝土基础是用不低于 C10 的混凝土浇捣而成。基础较小时，多用矩形或台阶形；基础较宽时，多采用台阶形或梯形。为了节约水泥，可在混凝土中投入不超过基础总体积 30% 的毛石，这种基础称为毛石混凝土基础。混凝土基础如图 2.9 所示。

5）钢筋混凝土基础

钢筋混凝土因其受力钢筋抗拉能力很强，基础承受弯曲的能力较大，因此，基础宽度不受

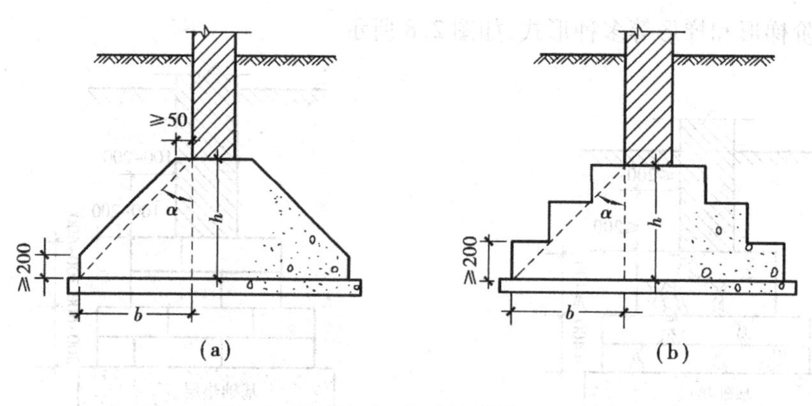

图 2.9 混凝土基础

(a)梯形;(b)台阶形

高宽比的限制。一般混合结构房屋较少采用此种基础,只有在上部荷载较大,地基承载能力较弱时才采用。

混凝土的强度不低于 C20,根据结构计算配置钢筋。基础边缘高度不小于 200 mm,基础底部下面常用强度 C10 混凝土做垫层,厚度为 70 ~ 100 mm。垫层的作用是使基础与地基有良好的接触,以便均匀传力,同时便于施工,在基础支模时平整而不漏浆,保证施工质量,如图 2.10所示。

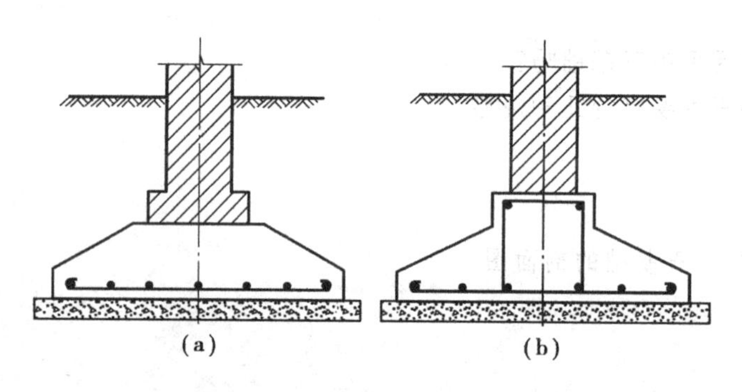

图 2.10 墙下钢筋混凝土基础

(a)无肋式混凝土基础;(b)有肋式混凝土基础

6)独立柱基础

独立柱基础一般为柱墩式,其形式有台阶式、锥式等,用料、构造与条形基础相同。当地基土质较差,承载能力较低,上部荷载较大时,柱的基础底面积增大,则相邻柱基很近,为便于墙身施工,可将柱基之间相互连通,形成条形或井格式基础,如图 2.11、图 2.12 所示。

提问回答

1. 混凝土基础的高宽比是多少?混凝土的强度等级应不小于多少?为了节约水泥可在混凝土中加入什么材料?

2. 钢筋混凝土基础的强度等级应不小于多少?

3. 什么情况下采用井格基础?

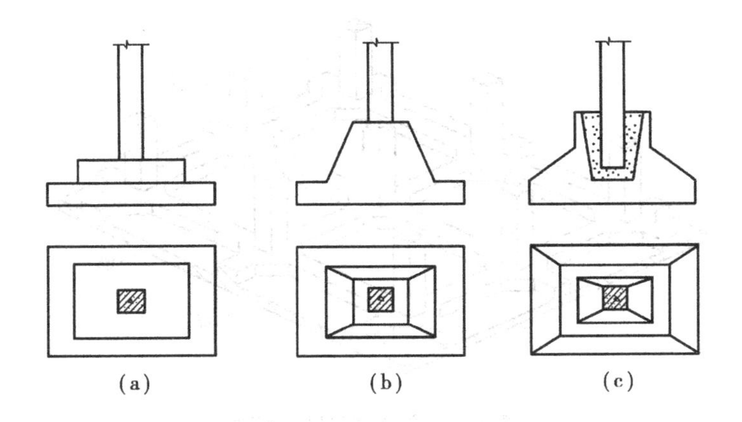

图 2.11 柱下单独基础

(a)阶梯形基础;(b)锥形基础;(c)杯形基础

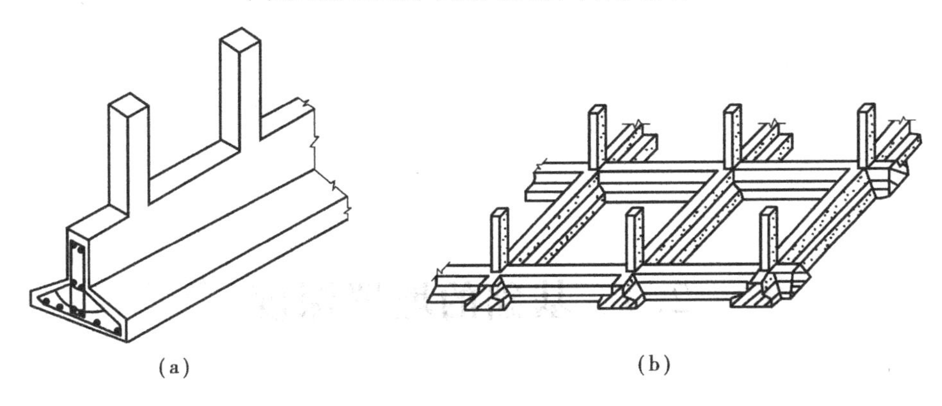

图 2.12 柱下肋梁条形基础

(a)单向连续基础;(b)十字交叉井格基础

4. 独立柱基础的形式主要有哪几种?

2.2.2 板式基础

板式基础又称为筏式基础,由于布满整个建筑底部,所以又称为满堂基础。有地下室时,可做成板式基础,如图 2.13 所示。

板式基础适用于上部荷载较大,地质条件较差,采用其他形式基础不够经济时。为了连结成整体,板式基础一般为钢筋混凝土基础。

钢筋混凝土板式基础分为有梁板式和平板式。板式基础受力状态如倒置的楼板,相当于梁式楼板或无梁式楼板。

练习作业

1. 什么情况下采用板式基础?
2. 画出条石基础、混凝土基础的剖面构造示意图。

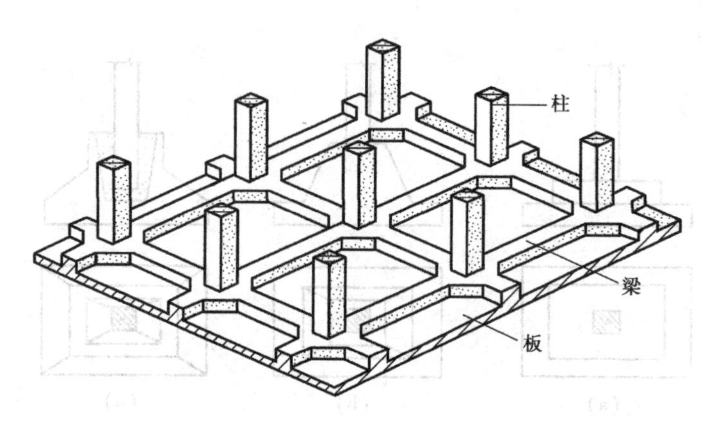

图 2.13　梁板式基础示意图

2.3　基础的埋置深度

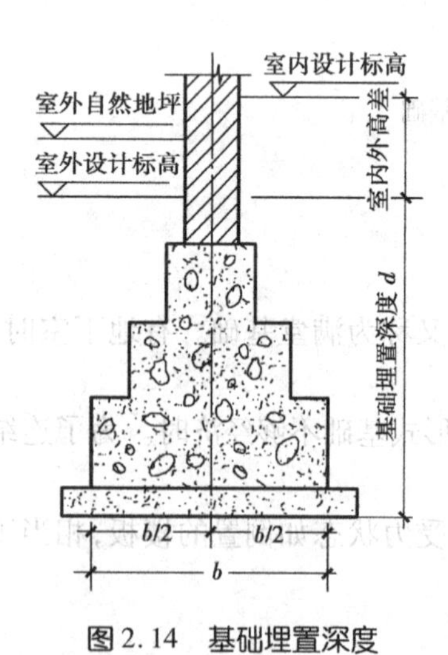

图 2.14　基础埋置深度

1) 基本概念

由室外设计地面到基础底面的距离,称为基础的埋置深度。

基础埋深不超过 5 m 的称为浅基础,大于 5 m 的称为深基础。在确定基础埋深时,应优先选择浅基础,它的优点是不需要特殊设备,施工技术也不太复杂。基础埋深愈小,工程造价愈低。但当埋深过小时,有可能在地基受到压力后,把基础四周的土挤出,使基础失去稳定。同时,基础埋得过浅,易受各种侵蚀和影响,从而造成破坏。所以在一般情况下,基础的埋深不宜小于 500 mm。基础的埋置深度如图 2.14 所示。

2) 影响基础埋深的因素

影响基础埋置深度的因素有地基的土层构造、地下水位和土的冻结深度 3 个方面。

小组讨论

1. 为什么基础有不同的埋置深度？影响基础埋深的因素有哪些？

2. 讨论地下水位情况、地基土层构造及土的冻结深度对基础埋深的影响。

什么是基础的埋置深度？

2.4 基础的防潮

为了防止潮气沿墙上升使墙身受潮，通常在基础上面设防潮层。根据所用材料的不同，防潮层一般有卷材防潮层、防水砂浆防潮层和细石混凝土带防潮层 3 种，其构造做法如图2.15 所示。

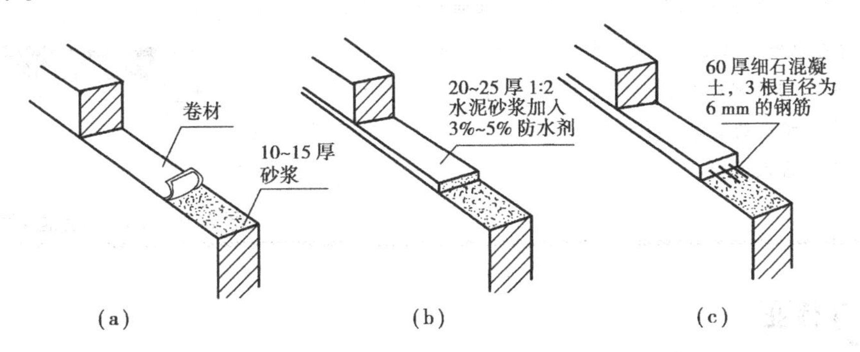

图 2.15 基础的防潮的构造做法

(a)卷材防水；(b)防水砂浆防潮；(c)细石混凝土带防潮

卷材防潮层具有一定的韧性、延伸性和良好的防潮性能，其做法是沿墙脚水平方向一定位置处铺设一层 10～15 mm 砂浆找平层，并干铺比墙身宽 10～20 mm 的油毡一层，油毡之间的搭接长度不小于 70 mm，为了提高防潮效果，也有采用一毡二油做法的。由于油毡层降低了上下砖砌体之间的粘结力，故油毡防潮层不宜用于有振动和下端按固定端考虑的砖砌体中。

防水砂浆防潮层是在 1:2.5 或 1:2的水泥砂浆中，加入水泥用量 3%～5% 的防水剂，制成防水砂浆，其厚度为 20～25 mm。这种防潮层省工、省料，由于它能和砖块胶合紧密，故特别适用于独立砖柱或振动较大的砖砌体中，但砂浆性脆，易断裂。为提高防潮层抗裂性能，亦采用配筋细石混凝土带，带内配以 $\phi6$ 或 $\phi8$ 的加固钢筋，由于它抗裂性较好，且能与砌体结合为一体，故适用于刚性要求较高的房屋中。

在地下水位较高的地区，常于室内地面以下基础以上的墙身，用水泥砂浆砌筑以加强水平防潮层的作用。

良好的防潮处理不仅与合理选择防潮材料有关，而且与防潮层位置关系密切。墙身水平防潮层的位置要求在距室外地面 150～450 mm，一般在首层地面下约 -0.05 m 处设置，以防止地表面水反渗的影响。另外，考虑到建筑物室内填土的毛细管作用，一般将水平防潮层设于底层地面的混凝土层之间的砖缝处，使其更有效地起到防潮作用。

墙脚水平防潮层应四周交圈，不得间断或破损。应特别注意对地坪有高差的墙脚防潮的处理。这时，在墙身内不仅要在地坪高差不同处设 2 道水平防潮层，而且还为了避免高地坪房间填土中的潮气侵入墙体，高地坪房间在填土前于 2 道水平防潮之间的垂直墙面上用水泥砂浆抹灰后涂刷热沥青 2 道。而在另一边的低地坪室内墙面上采用 1:2.5 或 1:2水泥砂浆打底的墙面抹灰。

墙身防潮层做法具体内容详见第 3 章墙体。

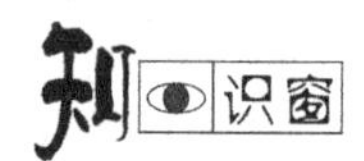

新型“Panhoo 地面特种防潮液”材料简介

新型“Panhoo 地面特种防潮液”是最近几年产生的一种最新地面防潮产品(图 2.16)，是采用专利配方复合而成的反应型无机地面防潮材料，主要用于楼地面和墙面防潮、地下室地面和墙面防潮、仓库地面防潮，也可以用于卫生间、厨房间地面、墙面防潮。

Panhoo 地面特种防潮液能和水泥反应，在水泥内部形成永久致密的防潮层。形成的防潮层不仅能阻止地下水汽进入室内，而且能阻止地下液态水进入室内。

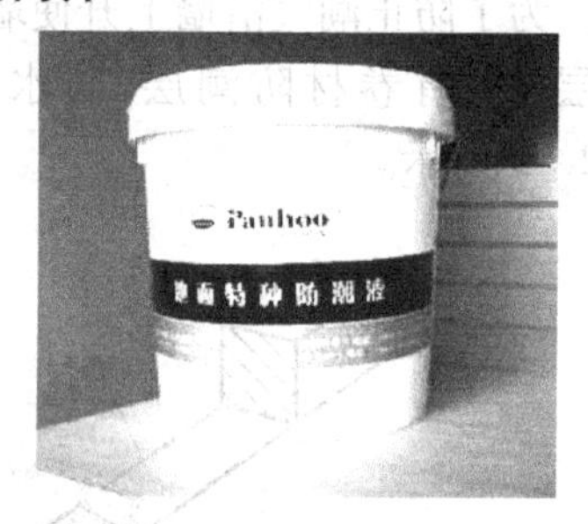

图 2.16　Panhoo 地面特种防潮液

练习作业

1. 简述防水砂浆防潮层和细石混凝土带防潮层的构造做法。
2. 画出油毡防潮、防水砂浆防潮和细石混凝土带防潮层构造示意图。

2.5 地下室的构造

问题引入

民用建筑中的某些房间根据使用要求可以安排在地面以下,成为地下室。而不少多层建筑,由于需要较深的基础,因此利用这一深度修建地下室。同学们,你们见过地下室吗?地下室有哪些类型?由于地下室位于地面以下,那么,怎么进行防潮和防水呢?下面,我们一起认识它。

地下室多用现浇钢筋混凝土结构,有顶板、墙板和底板3部分。也有采用砖墙的,但顶板仍用现浇或预制钢筋混凝土。

2.5.1 地下室的类型

从剖面形式看,有全地下室和半地下室两种,如图2.17所示。

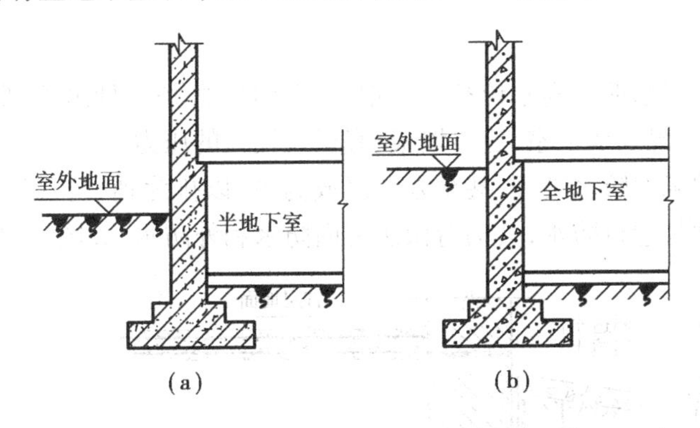

图2.17 地下室

(a)半地下室;(b)全地下室

全地下室的顶板与室外地坪大致相平。半地下室埋置较浅,常利用侧墙外的采光井来解决采光等问题。地下室的出入口与上部房屋的楼梯间联系。除主要出入口外,还须在另一端设置备用出入口,并与地下通道相连接。

2.5.2 地下室的防潮

常年静止水位和丰水期最高水位都低于地下室的地坪且无滞水可能时,由于地下水不会直接浸入地下室,可只做防潮处理,如图2.18所示。

常用做法是:外墙外侧抹20 mm厚的1:2.5水泥砂浆(高出散水300 mm以上),上涂1道冷底子油和2道热沥青(到散水底);外墙中,在地下室顶板和地下室地面厚度的对应范围内,

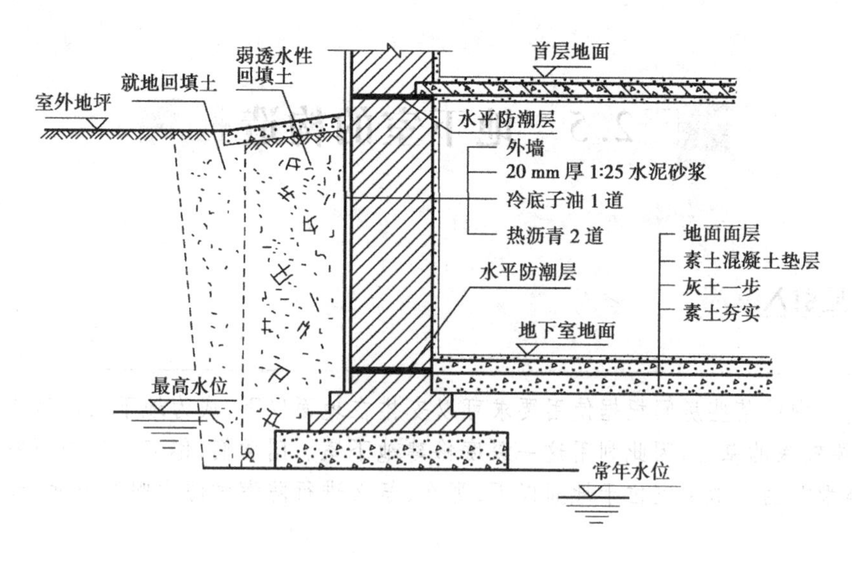

图 2.18 地下室防潮做法

各做 1 道水平防潮层，使整个地下室的防潮层连成整体。墙板防潮层外侧 0.5 m 范围内，用 2:8灰土回填夯实。这种防潮处理适用于不受震动及结构变形较小的地下室。

2.5.3 地下室的防水

1) 卷材防水

常年静止水位和丰水期最高水位都高于地下室地坪时，是一种最不利的情况。在这种情况下，地下水不仅可以浸入地下室，还对墙板、底板有较大的压力。

这种地下室必须采取防水处理，甚至采取以放为主、以排为辅、防排结合的更为可靠的方案。常用的防水处理是卷材防水，其构造做法有内防水和外防水，如图 2.19、图 2.20 所示。

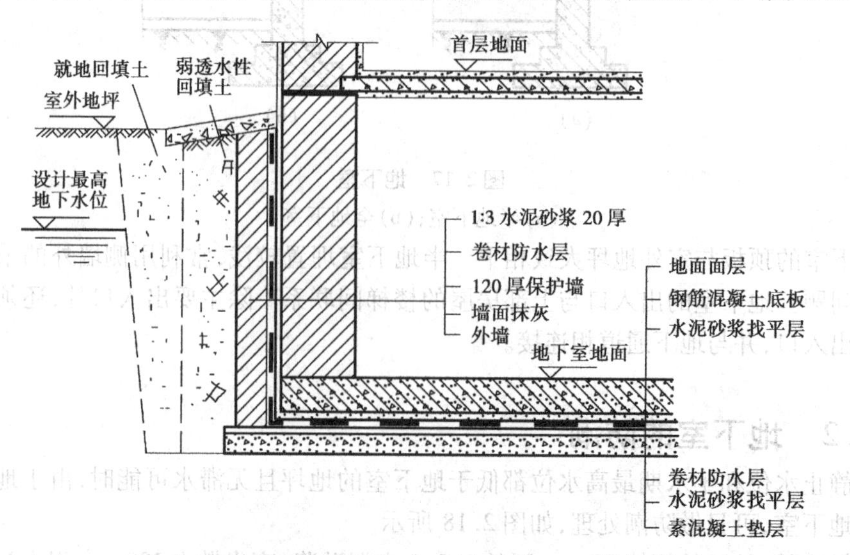

图 2.19 地下室外防水做法

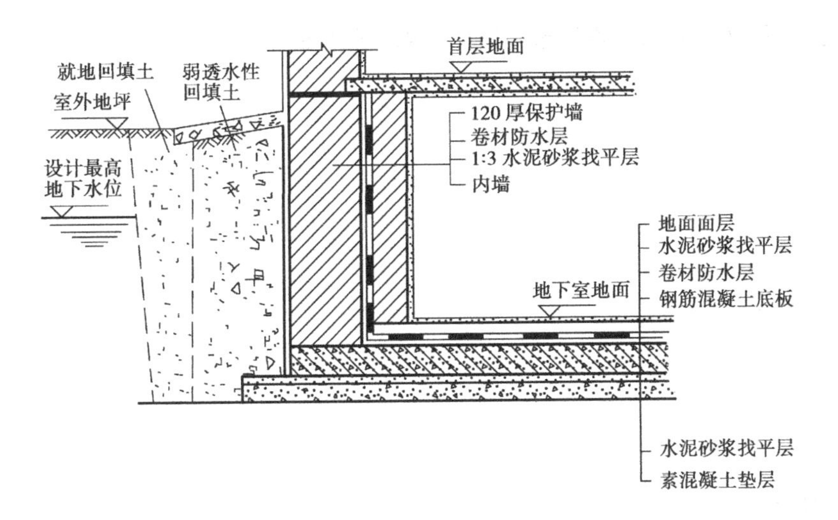

图2.20　地下室内防水做法

具体做法是:先在外墙外侧抹20 mm厚1∶3水泥砂浆找平层,在其上刷1道冷底子油;然后与地面伸出的多层卷材搭接,铺设墙面卷材防水层。卷材的层数与最高水位到地下室地坪的距离有关:小于或等于3 m时用3层;3~6 m时用4层;9~12 m时用5层;大于12 m用6层。防水层的外面砌半砖保护墙。墙与防水层之间填20 mm厚的1∶3水泥砂浆。保护墙外0.5 m范围内,用粘土或2∶8灰土回填夯实。当地下水位到室外地坪的距离小于2 m时,抹面层、防水层和保护墙等应一直做到散水底下。但室外地下水位500 mm以上的部分可以改成一层卷材防水层。当地下水位到室外地坪的距离大于2 m时,卷材防水层可做到地下水位以上500 mm处,再往上采用一般的防潮处理。

2)钢筋混凝土防水

当地下室采用钢筋混凝土结构,也就是采用箱形基础时,由于钢筋混凝土本身具有一定的抗渗能力,也能承受水压,如果采取恰当的混凝土配合比,注意施工质量,可不另做防潮、防水处理。或者只在钢筋混凝土中加入适量的防水剂,做成防水混凝土,并在墙板外侧抹水泥砂浆找平层,再涂2道热沥青。必须注意的是,这种地下室的墙板和底板不能过薄。根据经验,墙板的厚度不应小于200 mm,底板的厚度不能小于150 mm。

观察思考

1. 你见过哪些类型的地下室?
2. 说一说地下室防潮、防水的构造做法。

练习作业

1. 地下室由哪几个部分组成?对它们有什么要求?
2. 试比较地下室防潮和地下室防水的构造做法的异同点?

3. 绘出地下室(外防水及内防水)的防水构造示意图。

学习鉴定

1. 填空题

(1)按基础使用材料及其受力特点分,有________和________基础;按构造形式分,有________、________、________和箱形基础等。

(2)砖砌条形基础有________、________、________3 部分组成。

(3)条石基础在砌筑时与砖基础一样,应上下________,错缝________,灰缝________。

(4)混凝土基础的高宽比是________;混凝土的强度等级不小于________;为了节约水泥,可在混凝土中加入________。

(5)影响基础埋置深度的因素,有________、________、________等。

(6)常用基础的防潮的做法有________、________、________3 种。

2. 判断题

(1)地下室多用现浇钢筋混凝土结构,主要由顶板、墙板和底板 3 部分组成。 (　　)

(2)影响基础埋置深度的因素,有基础的埋深、地下水位和土的冻结深度 3 个方面。(　　)

(3)墙身砂浆防潮层是在 1∶2.5 或 1∶2的水泥砂浆中,加入水泥用量的 3% ~5% 的防水剂,制成防水砂浆,其厚度为 20 ~25 mm。 (　　)

(4)墙身水平防潮层的位置要求在距室外地面 50 ~100 mm 的部位。 (　　)

(5)钢筋混凝土基础中混凝土的标号不低于 C15。 (　　)

3. 简答题及作图题

(1)地下室由哪几个部分组成?对它们有什么要求?

(2)基础防潮的构造做法有哪几种？说出它们的构造做法？

(3)什么叫基础的埋置深度？什么情况下采用板式基础？

(4)绘出条石基础、混凝土基础的剖面构造示意图。

教学评估

见本书附录或光盘。

3 墙 体

本章内容简介

墙体的分类方法

常用墙体的构造做法及要求

常用墙面装修的类型及适用条件

建筑变形缝的类型及构造做法

本章教学目标

熟练掌握墙体的分类及要求

熟悉墙体的构造和做法

了解常用墙面装修的类型及适用条件

了解建筑变形缝的类型及构造做法

问题引入

墙是房屋不可缺少的重要组成部分,起着分隔空间,抵御自然界各种因素对室内侵袭的作用。那么墙体有哪些类型?它们是怎样构造而成的呢?下面,就带大家一起去认识墙体。

3.1 认识墙体

墙体是房屋不可缺少的重要组成部分。在一般民用建筑中,墙体和楼板被称为主体工程。如何选择墙体材料和构造做法,将直接影响房屋的使用质量、自重、造价、材料消耗和施工工期。

3.1.1 墙体的类型和作用

认识各种墙体的类型。

1)墙体的类型

在房屋中,按墙在平面上的位置、受力情况、所用材料和构造方式不同将其分成不同的类型。

(1)按所处位置不同划分　按墙所处位置不同,分为外墙和内墙。凡位于建筑物四周的墙称为外墙,外横墙习惯上称为山墙;而位于建筑物内部的墙称为内墙。在一片墙上,窗与窗或门与窗之间的墙称为窗间墙,窗洞下部的墙称为窗下墙;屋顶上四周的墙称为女儿墙。按墙的方向又可以分为纵墙和横墙。沿建筑物长轴方向布置的墙称为纵墙,纵墙又分为外纵墙和内纵墙;沿建筑物短轴方向布置的墙称为横墙,横墙有内横墙和外横墙之分。墙体的各部分名称如图3.1所示。

(2)按墙的受力情况划分　按墙的受力情况,可分为承重墙和非承重墙。凡直接承受上部屋顶、楼板所传来的荷载的墙称为承重墙;凡不承受上部荷载的墙称为非承重墙,非承重墙包括隔墙和幕墙。凡分隔内部空间,其重量由楼板或梁承受的墙称为隔墙;框架结构中填充在柱子之间的墙称为框架填充墙;而主要悬挂于外部骨架间的轻质墙称为幕墙。外部的填充墙和幕墙承受风荷载,并把它传给骨架。

(3)按墙体所用材料不同划分　按墙体所用材料不同,可分为砖墙、石墙、混凝土墙、砌块墙、板材墙等。

(4)按构造和施工方式不同划分　按构造和施工方式不同,有叠砌式墙、板筑墙和装配式

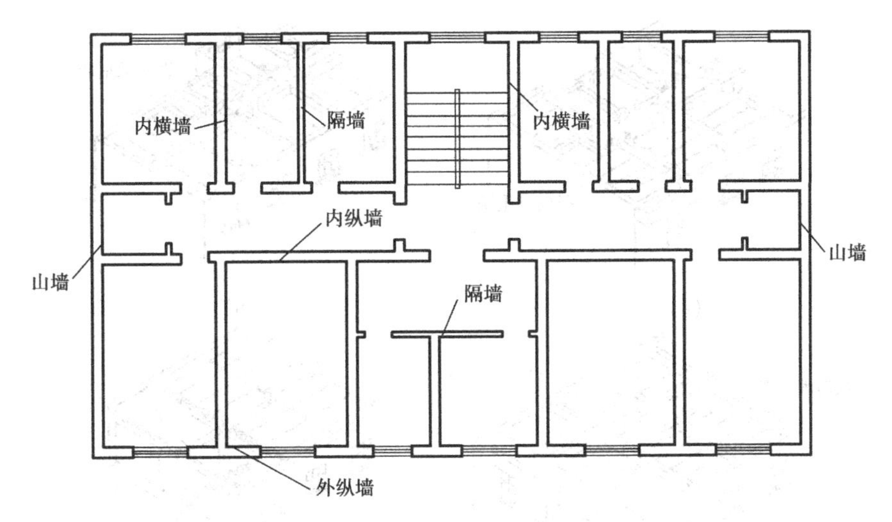

图3.1　墙体各部分名称

墙之分。叠砌式墙包括实砌砖墙、空斗墙和砌块墙等；板筑墙是施工时，直接在墙体部位竖立模板，然后在模板内夯筑或浇注材料，捣实而成的墙体，如夯土墙、滑模、大模板等混凝土墙体；装配式墙是预制厂生产墙体构件，运到施工现场进行机械安装的墙体，包括板材墙、多种组合墙和幕墙等，其机械化程度高、施工速度快，是建筑工业化的发展方向。

2）墙体的作用

民用建筑中，墙体一般有以下3个作用。

(1)承重作用　墙体承受屋顶、楼板传给它的荷载、本身的自重荷载和风荷载。

(2)围护作用　墙体阻挡自然界风、雨、雪的侵袭，防止太阳的辐射、噪声的干扰以及室内热量的散失等，起保温、隔热、隔声、防水等作用。

(3)分隔作用　墙体把房屋划分为若干房间和使用空间。

并不是所有的墙体都同时具有这3个作用，有的既起承重作用又起围护作用，有的只起围护作用，有的具有承重和分隔双重作用，有的只起分隔作用。

小组讨论

1. 墙体有哪些类型？

2. 举例说明墙的作用。

3.1.2　墙的承重方案

墙作为承重墙，有横墙承重、纵墙承重、纵横墙混合承重、墙柱混合承重4种承重方式。

1）横墙承重

横墙承重是将楼板及屋面板等水平承重构件，搁置在横墙上，如图3.2(a)所示。

横墙承重的优点：由于横墙间隔一般比纵墙小，此时水平承重构件的跨度小、面高度也小，可以节省混凝土和钢材；又由于横墙较密，有纵墙拉结，房屋的整体性好，横向刚度大，有利于抵抗水平荷载（风荷载、地震荷载等）；当横墙为承重墙而纵墙为非承重墙时，在外纵墙上开窗

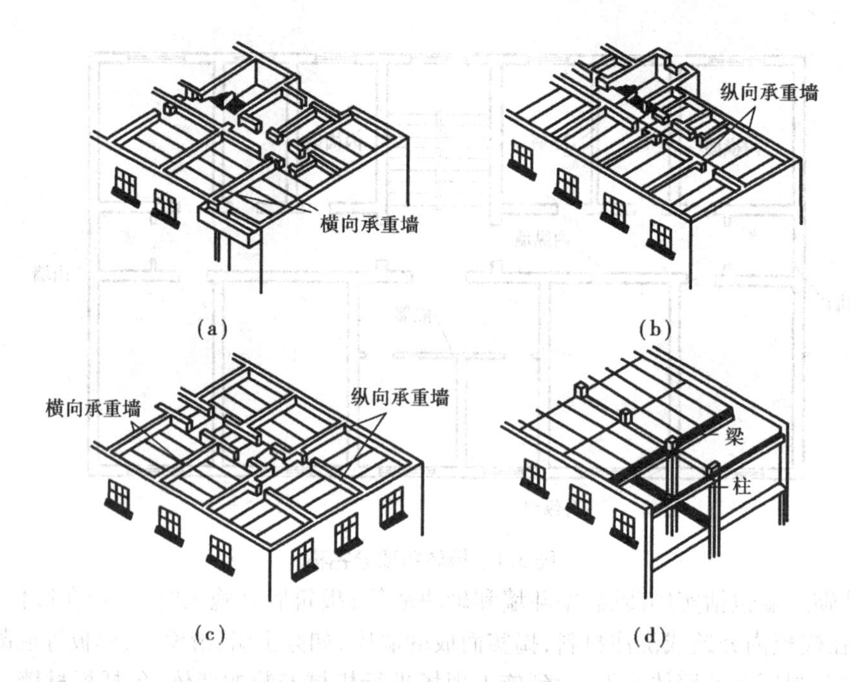

图3.2　墙体的承重方式

(a)横墙承重;(b)纵墙承重;(c)纵横墙混合承重;(d)墙与柱混合承重

灵活;内纵墙可以自由布置,增加了建筑平面布局的灵活性。

横墙承重的缺点:由于横墙间距受到限制,建筑开间尺寸不够灵活;墙的结构面积较大,房屋的使用面积相对较小,墙体材料消耗较多。

2)纵墙承重

纵墙承重是楼板及屋面等水平承重构件均搁置在纵墙上,横墙只起分隔空间和连接纵墙的作用,如图3.2(b)所示。

纵墙承重的优点:开间划分灵活,能分隔出较大的房间,以适应不同的需要;楼板、进深梁等水平承重构件的规格少,便于工业化;横墙厚度小,可以节省墙体材料。

纵墙承重的缺点:水平承重构件的跨度比横墙承重方案大,因而单件质量大,施工时需用较大的起重运输设备;在纵墙上开设窗口受到限制,室内通风不易组织;由于横墙不承受垂直荷载,抵抗水平荷载的能力比承重的横墙差,所以这种房屋的整体刚度较差。

纵墙承重适用于房间较大的建筑物,如办公楼、餐厅、商店等,也适用于宾馆、住宅、宿舍等建筑。

3)纵横墙混合承重

在一栋房屋中纵墙和横墙都是承重墙时,称为纵横墙混合承重,如图3.2(c)所示。它的优点是平面布置灵活,房屋刚度好;缺点是水平承重构件类型多,施工复杂,墙的结构面积大,消耗墙体材料较多。

纵横墙混合承重适用于房间开间和进深尺寸较大、房间类型较多以及平面复杂的建筑,前者如教学楼、医院等建筑,后者如托儿所、幼儿园、点式住宅等建筑。

4)墙柱混合承重

当房屋内部采用柱、梁组成的内框架时,梁的一端搁置在柱上,由墙和柱共同承受水平承重构件的荷载,称为墙柱混合承重,如图3.2(d)所示。这种承重方式适用于室内需要大空间的建筑,如大型商店、餐厅等。但房屋的总刚度主要由框架保证,因此水泥及钢材用量较多。

观察思考

1. 你所在教室的墙体属于哪种承重方式?
2. 你还见过哪种墙体承重方式,试举例说明。

3.1.3 墙的设计要求

位置不同和受力情况不同的墙,应满足下列部分或全部要求。

(1)具有足够的强度和稳定性　强度是指墙体承受荷载的能力。墙的砌体强度取决于所采用砖和砂浆的强度等级,并应通过计算决定墙的厚度,以满足强度要求。墙的稳定性与墙的长度、高度、厚度有关。当墙的高度及长度确定之后,应通过增加墙的厚度,提高砌筑材料的强度等级,增设墙垛、圈梁等办法来增加墙的稳定性。

(2)满足热工要求　建筑物的外墙和屋顶称为建筑的围护结构,其对热工的要求十分重要。北方寒冷地区要求围护结构具有较好的保温性能,以减少室内热损失。同时还应防止在围护结构内表面和保温材料内部出现凝结水现象。南方地区为防止夏季室内温度过高,除布置上考虑朝向、通风外,作为围护结构须具有一定隔热性能。

(3)应满足隔声要求　墙体作为房间的围护构件,必须具有足够的隔声能力,以符合有关隔声标准要求。

(4)满足防火要求　墙体材料及厚度应符合防火规范相应的燃烧性能和耐火极限的规定。当建筑的占地面积或长度较大时,还要按规定设置防火墙,将建筑分成若干段以防止火灾蔓延。

(5)合理选择墙体材料,减轻自重,降低造价　墙体所用的建筑材料,在满足上述各项要求的同时,应力求采用容重小的材料,即轻质材料。这样不但可以减轻自重,还将节省运输费用,从而降低房屋造价。

(6)适应工业化生产要求　要逐步改革以粘土砖为主的墙体材料,采用预制装配式墙体材料和构造方案,为生产工厂化、施工机械化创造条件。

(7)满足防水防潮的要求　对卫生间、厨房、实验室等有水的房间及地下室的墙应采取防水防潮措施。

练习作业

1. 墙体的承重方式有哪些?各有什么特点?适合于什么类型的建筑?
2. 墙体构造应满足哪些设计要求?

3.2 砖墙构造

3.2.1 墙体材料

1)砌墙砖的种类

砖墙是由砌墙砖和砂浆砌筑而成。按现行国家标准,砌墙砖分为普通砖和空心砖两大类。

(1)普通砖　普通砖指孔洞率小于15%或没有孔洞的砖。由于原料和制作工艺不同,普通砖又分为烧结砖(如粘土砖、页岩砖、烧结煤矸石砖、烧结粉煤灰砖等)和蒸养(压)砖(如灰砂砖、粉煤灰砖、炉渣砖等)。由于环保和保护耕地的原因,我国许多城市已不允许再使用粘土砖。

(2)空心砖　空心砖指孔洞率大于15%的砖。

2)砌墙砖的规格尺寸

砌墙砖的规格尺寸见表3.1。

表3.1　砌墙砖的规格尺寸　单位:mm

名　称	长	宽	厚
普通砖	240	115	53
空心砖	190	190	90
	240	115	90
	240	180	115

我国普通砖的尺寸制定原则:(砖长+灰缝):(砖宽+灰缝):(砖厚+灰缝)=4:2:1。它使1个砖长(240 mm)恰好等于2个砖宽加灰缝(115 mm×2+10 mm),或约等于4个砖厚加3个灰缝(53 mm×4+10 mm×3),如图3.3所示。普通砖的这一尺寸关系便于组砌成以砖厚为基数的尺寸。

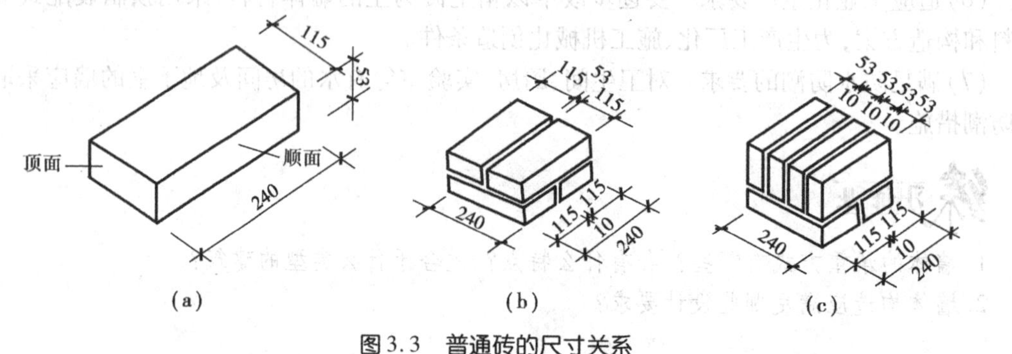

图3.3　普通砖的尺寸关系
(a)标准砖;(b),(c)砖组合

如图3.4所示，空心砖的尺寸分两种情况：一种符合模数制，如190 mm×190 mm×90 mm的砖，长、宽、高各加上一个灰缝即为200 mm×200 mm×100 mm；另一种的长、宽、高与普通砖的基数一致，如240 mm×115 mm×180 mm。

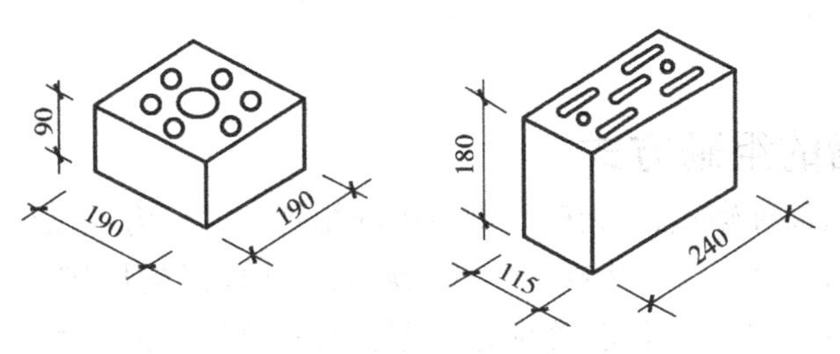

图3.4 空心砖规格

砌墙砖的强度等级是由它的抗压强度和抗折强度确定的，分为MU10，MU15，MU20，MU25，MU30等不同等级。

3）砌墙用砂浆

砌墙用砂浆称为砌筑砂浆，是由胶结材料（水泥、石灰等）和填充材料（砂、矿渣等）混合加水搅拌而成。常用的有水泥砂浆、石灰砂浆和水泥石灰混合砂浆。

选用砌筑砂浆应根据砂浆的用途及使用环境决定。水泥砂浆属于水硬性材料，强度较高，可砌筑承重墙，或用于潮湿环境；石灰砂浆和水泥石灰混合砂浆属于气硬性材料，强度较低，可砌筑非承重墙或荷载不大的承重墙。

砌筑砂浆的强度等级，是由它的抗压强度确定，分为M2.5，M5，M7.5，M10，M15等不同等级。

3.2.2 实心砖墙的尺寸

实心砖墙是用普通砖砌筑的墙，其中普通粘土砖用量最大。由于普通砖的尺寸是240 mm×115 mm×53 mm，故实心砖墙的尺寸均为砖宽加灰缝的倍数。

砖墙厚度的名称，是以砖长为准的，如一砖厚、半砖厚等。常用砖墙厚度的标志尺寸以60 mm为基数，大于240 mm时要加上灰缝尺寸。灰缝尺寸按10 mm计算时，砖墙厚度的标志尺寸和构造尺寸见表3.2。墙段尺寸是指窗间墙、转角墙等部位墙体的长度。墙段长度的尺寸以砖宽加灰缝为基数的倍数减去一个灰缝，砖的最小宽度为115 mm砖宽加上10 mm灰缝，共计125 mm，并以此为砖的组合模数。墙段尺寸有：240，370，490，620，740，870，990，1 120，1 240 mm等数列。砖墙中留洞时，洞口宽度的尺寸是砖宽加灰缝尺寸为基数的倍数加上一个灰缝尺寸。

表3.2 墙厚名称

墙厚名称	习惯称呼	实际尺寸（mm）	墙厚名称	习惯称呼	实际尺寸（mm）
1/4砖墙	6厚墙	53	一砖墙	24墙	240
半砖墙	12墙	115	一砖半墙	37墙	365
3/4砖墙	18墙	178	二砖墙	49墙	490

观察思考

砖墙的厚度与砖的尺寸和灰缝的宽度存在什么关系？

3.2.3 砖墙的组砌方式

砖墙的组砌方式，简称砌式，是指砖在砌体中的排列方式。为了保证砖墙坚固，砖的排列方式应遵循“灰缝横平竖直、错缝搭接、砂浆饱满、厚薄均匀”的原则，错缝距离一般不小于60 mm。错缝搭接保证墙体不出现连续的垂直通缝，以提高墙的强度和稳定性。

观察思考

砌筑砖墙时，上下皮砖之间为什么要错缝呢？如果出现通缝会对砖墙产生什么影响呢？

1）实心砖墙

在砖墙组砌中，把砖的长方向垂直于墙面砌筑的砖称为丁砖，把砖的长方向平行于墙面砌筑的砖称为顺砖。上下两块砖之间的水平灰缝称为横缝，左右两块砖之间的垂直缝称为竖缝。

（1）全顺式　每皮均为顺砖叠砌，砖的条面外露，上下皮互相搭接半砖（即错缝120 mm），适用于砌筑半砖墙，如图3.5(a)所示。

（2）一顺一丁式　丁砖和顺砖隔层砌筑，使上下皮砖的灰缝互相错开60 mm，如图3.5(b)所示。这种砌式的墙整体性好，目前应用最广泛。

（3）多顺一丁式　多层顺砖和一层丁砖间隔砌成，现多采用三顺一丁式。这种砌式在各顺砖层间存在着连续的垂直通缝，所以砌体强度比一顺一丁式低。但是，这种砌式外皮砖的比例比一顺一丁式少，所需技工水平比一顺一丁式低。一般用于砌筑荷载不大的承重墙或自承重墙。

（4）两平一侧式　3/4砖厚的墙是由二皮顺砖和一皮侧砖为一层交替砌成，如图3.5(c)所示。这种砌式用砖较省，但砌筑费工，对工人的技术水平要求也较高。

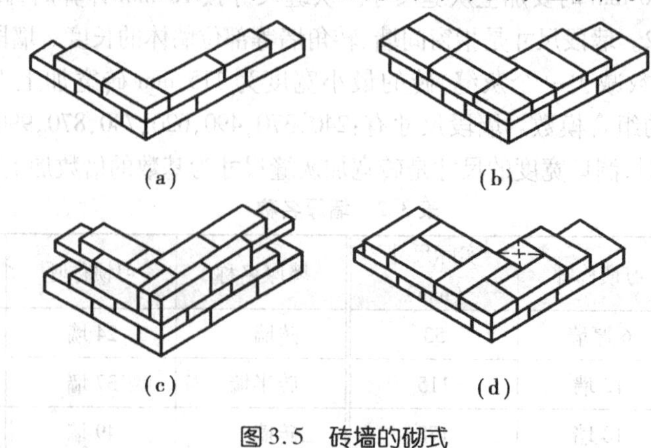

图3.5　砖墙的砌式

(a)全顺式；(b)一顺一丁式；(c)两平一侧式；(d)每皮丁顺相间式

(5)每皮丁顺相间式　该方式又称沙包式,在一皮之内丁砖和顺砖相间,上下皮错缝砌成,如图3.5(d)所示。这种砌法的优点是墙面美观,缺点是砌筑时费工,常用于不抹灰的清水墙。

2)空心砖墙

空心砖分为竖孔和横孔两类。竖孔空心砖用于砌筑承重墙,横孔空心砖用于砌筑非承重墙。

空心砖墙较普通砖墙自重小,保温隔热性能好,造价低。190 mm厚空心砖墙的保温隔热效果与240 mm厚的实心墙没有显著差别。如用190 mm厚空心砖墙代替240 mm厚实心砖墙,能使墙身自重减轻30%,砌筑砂浆和运输量减少30%以上,每平方米墙面造价降低20%左右。

用空心砖砌墙时,多用整砖顺砌法,即上、下皮错开半砖。在砌转角、内外墙搭接、壁柱、独立砖柱等部位时,都不需砍砖。图3.6是空心砖墙砌式的示例。

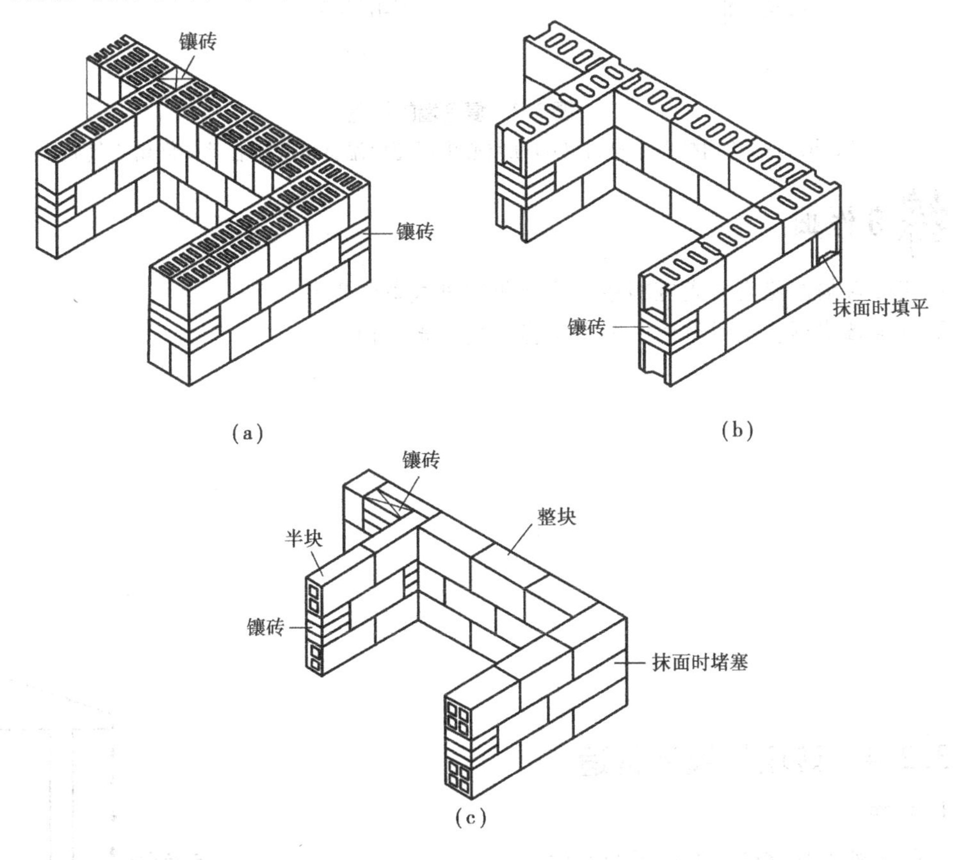

图3.6　空心墙的构造

(a)五孔砖墙;(b)矿渣空心砖墙;(c)陶土空心砖墙

3)复合墙

在寒冷地区为了改善墙的保温性能,常采用普通砖与其他保温材料组合而成的复合墙,由普通砖砌体承重,由另一种材料和砖砌体共同满足保温要求。一般复合方式有3种:在墙的一侧粘贴保温材料、在墙中间填充保温材料和在墙中间留空气间层。用石材砌墙时,也可采用石材和砖的复合墙。因砖的导热系数比石材小,此时可以把砖视为保温材料,如图 3.7 所示。

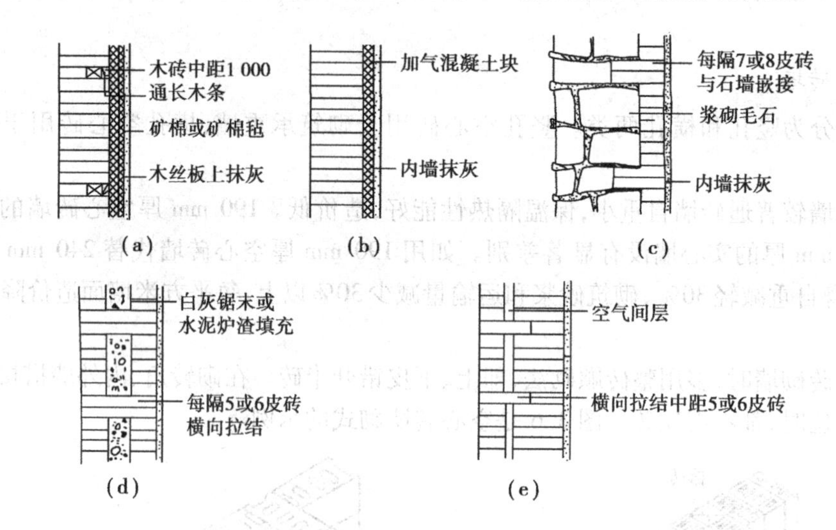

图 3.7　复合墙的构造

(a),(b),(c)单面贴保温材料;(d)在空心中填充保温材料;(e)在墙中间留空气间层

练习作业

1. 实心砖墙的组砌方式有哪些？哪些组砌方式最常用？
2. 复合墙有哪些常用做法？分别绘出它们的剖面图。

3.2.4　砖墙的细部构造

1)勒脚

勒脚是外墙与室外地面接近的部位。

(1)勒脚的主要作用

①保护墙身接近地面部位免受雨水侵蚀,以避免墙身潮湿和在冬季受冻导致破坏,如图 3.8 所示。

②加固墙身,防止对墙身的各种机械性损伤。

③美观,对建筑物的立面处理产生一定的效果。

图 3.8　勒脚的外界影响

所以勒脚的处理既应防水,又要坚固、美观。

(2)勒脚的一般处理方法　一般处理方法如图3.9所示。

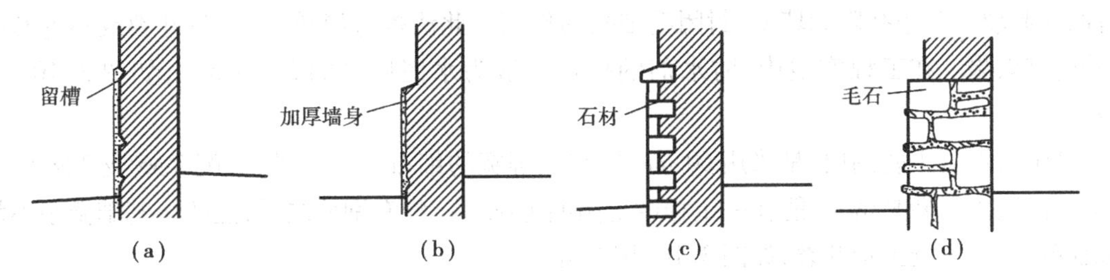

图3.9　勒脚的构造

(a)抹水泥砂浆或做水刷石;(b)加厚墙身并抹灰;(c)镶砌石材;(d)用石材砌筑

①在勒脚部位抹20~30 mm厚1∶2(或1∶2.5)水泥砂浆,或做水刷石。

②勒脚部位墙身加厚60~120 mm,再抹水泥砂浆或做水刷石。

③在勒脚部位镶贴天然石材等防水和耐久性好的材料。

④用天然石材砌筑勒脚。

勒脚的高度,当考虑防水及机械碰撞时应不低于500 mm。从美观角度看,勒脚的高度及其形式常根据不同建筑效果来决定。

练习作业

1.勒脚有哪些作用?

2.勒脚的常用做法有哪些?

2)墙身防潮层

你见过这种现象吗?墙脚的表面部分起皮、脱落、长霉斑,墙体支撑能力减弱。这是什么因素在起破坏作用呢?如何解决?

勒脚的作用是防止地面水对墙身的侵蚀,墙身防潮层的目的则在于隔绝地潮等对墙身的影响,使墙身保持干燥。墙身有水平防潮层和垂直防潮层两种。

(1)水平防潮层　水平防潮层是对建筑物内外墙体沿勒脚处设水平方向的防潮层,以隔绝地潮等对墙身的影响。水平防潮层根据材料不同,一般有防水砂浆防潮层和细石混凝土防潮层两种。

①防水砂浆防潮层:是在防潮层部位抹20~25 mm厚、掺入防水剂的1∶2水泥砂浆(防水砂浆)1层,或者采用防水砂浆砌三皮砖,达到防潮目的。防水剂与水泥混合凝结后,坚韧而有弹性,能起填充微小孔隙和堵塞、封闭毛细孔的作用。此法构造简单,但砂浆开裂或不饱和时影响防潮效果。在工程实践中,防水剂的掺量一般为水泥质量的3%~5%,如图3.10(a)所示。

②细石混凝土防潮层:是采用60 mm厚与墙等宽的细石混凝土带,内配3ϕ6或3ϕ8钢筋形成。混凝土比砂浆密实,能在一定程度上阻断毛细水。配有钢筋之后,能防止基础微小不均匀沉降造成的混凝土带开裂,如图3.10(b)所示。

防潮层的位置应设在距室外地面100~150 mm以上,室内地面混凝土垫层中间相对应的内、外墙体内,如图3.11所示。一般在室内地面以下50 mm或60 mm处。用标高表示防潮层位置时,室内地面为±0.00 m,防潮层的标高为-0.05 m或-0.06 m。

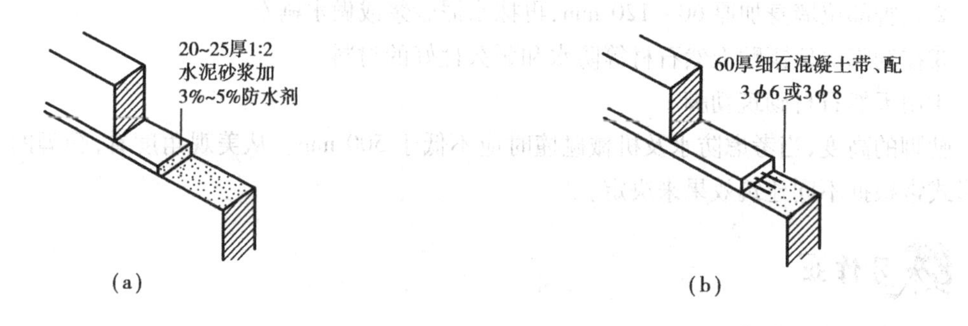

图3.10 勒脚水平防潮层

(a)油毡防潮层;(b)防水砂浆防潮层;(c)细石混凝土防潮层

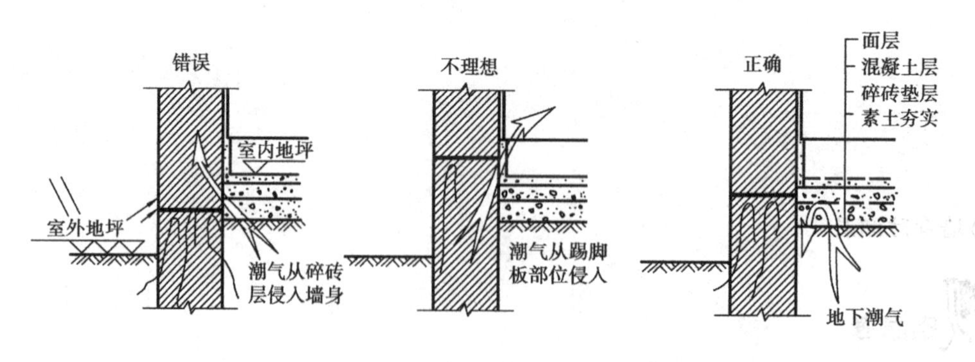

图3.11 水平防潮层的设置位置

(2)垂直防潮层 当室内外地坪出现高差或室内地坪低于室外地面时,不仅要求在地坪高差的不同墙身处设2道水平防潮层,而且还应对高差部分的垂直墙面采用垂直防潮措施,以避免高地坪房间(或室外地面)回填土中的潮气侵入墙身。其具体做法是:在高地坪房间回填土前,在2道水平防潮层之间的垂直墙面上,先用水泥砂浆找平,再涂冷底子油1道,热沥青2道(或其他防潮处理),而在低地坪一边的墙面上,按勒脚的构造方法处理,如图3.12所示。

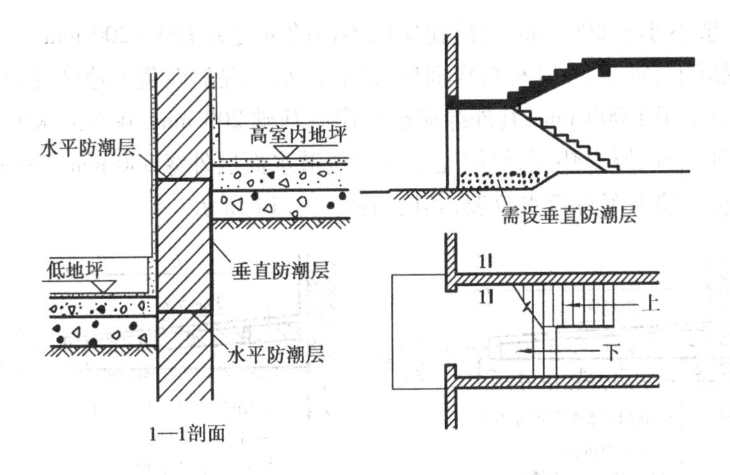

图 3.12　垂直防潮层

练习作业

墙身水平防潮层的位置应如何确定？其做法有哪些？

3）明沟与散水

建筑物周围的地面水，沿外墙附近渗入地下时，会导致基础周围土壤含水率增加，使基础潮湿。因而，要在建筑物四周勒脚与室外地面相接处，设明沟或散水，把勒脚附近的地面水排走。

（1）明沟　明沟又称排水沟，通常用混凝土浇筑成宽 180 mm、深 150 mm 的沟槽。槽底应有不小于 1% 的坡度，以确保排水流畅。当用砖砌明沟时，槽内用水泥砂浆抹面。用块石砌筑的明沟，应用水泥砂浆勾缝。明沟用于降雨量较大的南方地区，其构造如图 3.13 所示。

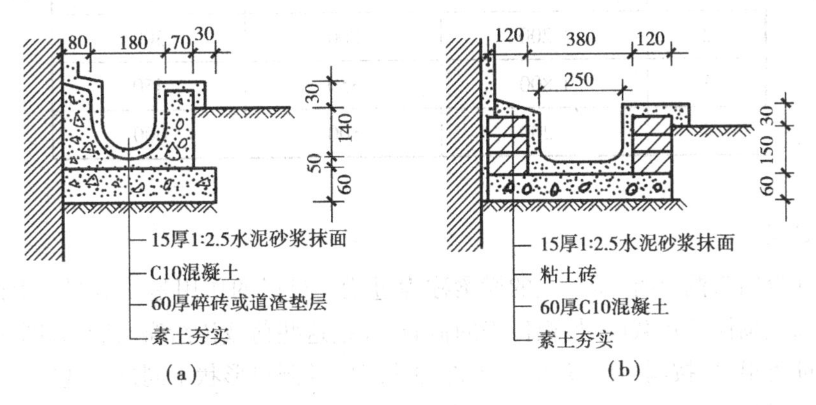

图 3.13　明沟构造

（a）混凝土明沟；（b）砖砌明沟

（2）散水　当屋面为无组织排水时，为防止屋檐滴水冲刷房屋四周土壤，沿外墙四周室外地面做向外倾斜 3% ~5% 的坡面，将雨水排至远处，称为散水。在北方降雨量较小的地区，屋面为有组织排水时，也常做散水而不做明沟。

散水宽度一般不小于600 mm,并应比屋檐挑出的宽度大150~200 mm。

散水应用混凝土、砖、块石等材料作面层,以利排水。湿陷性黄土地区,散水应以不透水性材料做面层,宽不小于1 000 mm,其外缘应超出房屋基础200 mm,并在散水面层下做150 mm厚灰土垫层,或300 mm厚土垫层,垫层宽度应超过散水面层外缘500 mm。散水与外墙交接处应设分隔缝,防止外墙下沉将散水拉裂,其构造如图3.14所示。

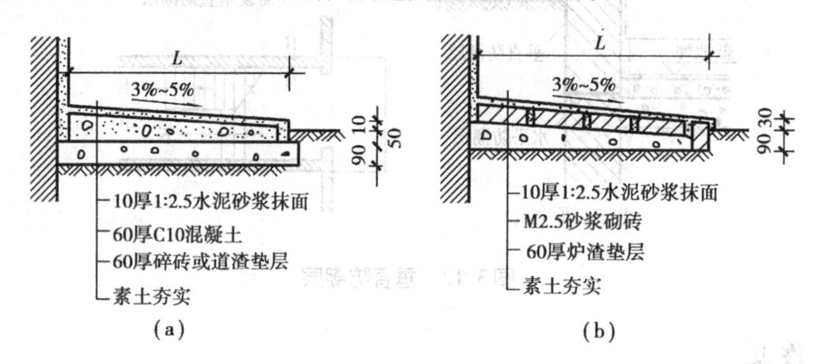

图3.14 散水构造

(a)混凝土散水;(b)砖铺散水

季节性冰冻地区的散水,当土壤标准冻深大于600 mm,且在冻深范围内为冻胀土或强冻胀土时,应在垫层下加设防冻胀层。防冻胀层应选用中粗砂、河卵石、炉渣或炉渣石灰土等非冻胀材料,其厚度可结合当地经验按表3.3采用。

表3.3 防冻胀层厚度

序 号	土壤标准冻深/mm	防冻胀层厚度/mm	
		土壤为冻胀土	土壤为强冻胀土
1	600~800	100	150
2	1 200	200	300
3	1 800	350	450
4	2 200	500	600

4)门窗过梁

墙体上开设门窗洞口时,洞口上的横梁称为过梁。过梁的作用是支承洞口上的砌体自重荷载和洞口以上砌体所承载的梁、板传来的荷载,并把这些荷载传给窗间墙,如图3.15所示。

过梁的种类很多,按洞口跨度、洞口上部的荷载以及洞口形状不同进行选用。目前常用的是钢筋混凝土过梁。

当门窗洞口跨度超过1.5 m,或荷载较大,或有较大振动荷载,或可能产生不均匀沉降的建筑,应采用钢筋混凝土过梁。按施工方式不同,钢筋混凝土过梁分为现浇和预制两种。为加快施工进度,减少现场湿作业,多采用预制钢筋混凝土过梁。

钢筋混凝土过梁的截面尺寸,应根据跨度及荷载经计算确定。为了与砖的尺寸协调,过梁

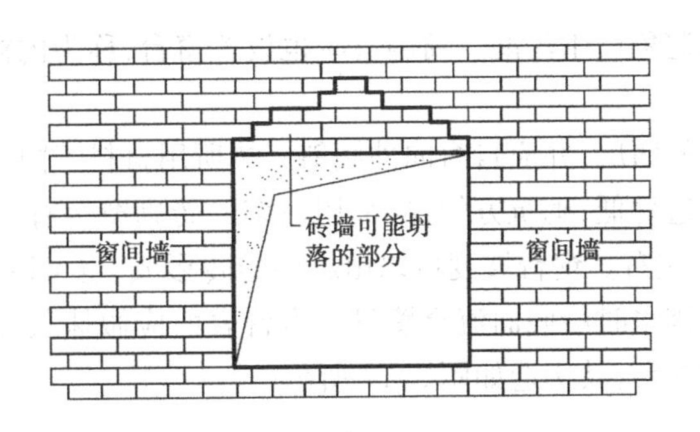

图 3.15 过梁的受荷范围

的宽度与砖墙厚度相适应。过梁的高度与砖皮数相配合,常用 60,120,180,240 mm 等。过梁两端伸入墙内的长度都不应小于 240 mm。钢筋混凝土的导热系数大于砖的导热系数,在寒冷地区为了避免在过梁内表面产生凝结水,采用 L 形过梁,使外露部分的面积减小,或全部把过梁包起来,其截面如图 3.16 所示。

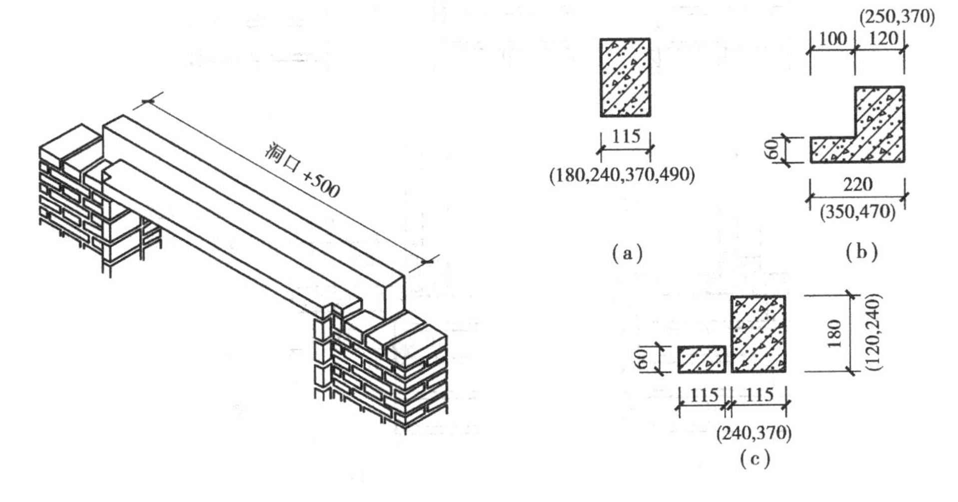

图 3.16 预制钢筋混凝土过梁

(a)矩形截面;(b)L 形截面;(c)组合式截面

练习作业

1. 最常用的过梁有哪几种?
2. 采用不同过梁形式时,对跨度有什么要求?

5)窗台

窗洞的下部多设窗台,以便把窗外侧的雨水和内侧的冷凝水排离墙面。设于室外的称为外窗台，用于排除雨水，避免产生渗漏。窗内有时也设置窗台，称为内窗台，其作用是使该处不易被破坏，并便于清洁。

窗台应采用不透水的面层，并应自窗向外倾斜。按所用材料不同，有砖砌窗台和预制钢筋混凝土窗台。砖砌窗台造价低，砌筑方便，故采用较多。砖砌窗台有平砌和侧砌两种，砖砌窗台外缘挑出墙面 60 mm 左右。窗台坡度可以由斜砌的砖形成，也可以由抹灰形成。窗台底面外缘处，应做滴水，以免排水时沿底面流至墙身。窗台表面应做抹灰或贴面处理，侧砌窗台可做水泥砂浆勾缝的清水窗台，其构造如图 3.17 所示。

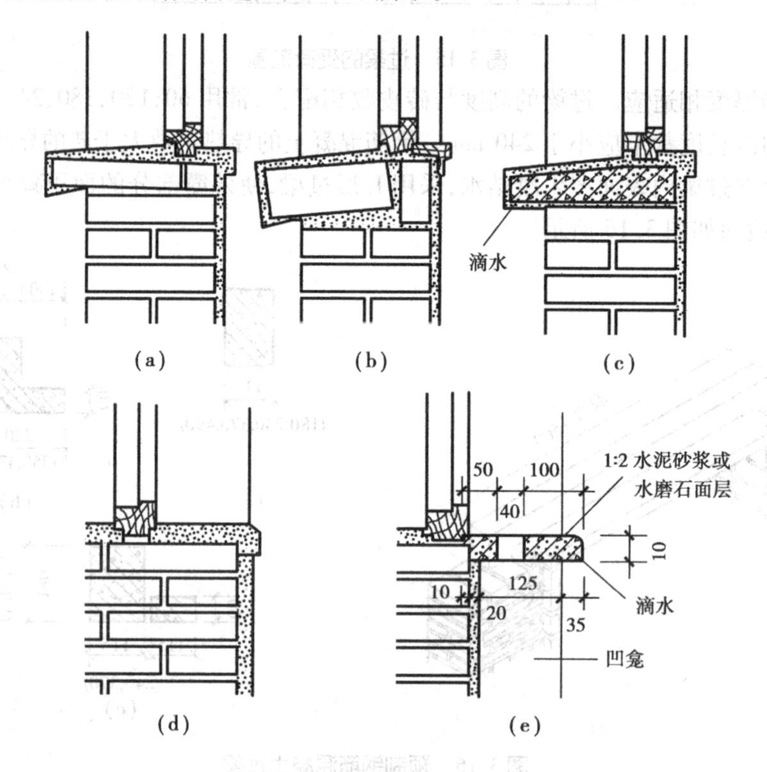

图 3.17　窗台构造

(a)平砌砖外窗台、抹灰内窗台；(b)侧砌砖外窗台、木内窗台；
(c)预制钢筋混凝土外窗台、抹灰内窗台；(d)抹灰内窗台；
(e)寒冷地区预制钢筋混凝土或水磨石内窗台

我国北方地区因室内外温差大，传统砖墙的厚度常为 370,490,620 mm。双层窗安装在墙的中间，室内必须做窗台。室内如为暖气采暖时，为便于安装暖气片，窗台下要留凹龛，此时常采用预制钢筋混凝土或预制配筋水磨石窗台板。预制窗台板支承在窗间墙上，长度比洞口宽 120 mm（每边 60 mm）。洞口宽在 1 500 mm 以内时，窗台板厚为 40 mm；洞口宽 1 800 mm 或 2 000 mm时，窗台板厚为 50 mm。窗台板的宽度为 190 mm（里层窗距墙里皮为 130 mm）。窗台板内配有钢筋，跨度在 1 500 mm 以内时为 3ϕ6，跨度为 1 800 mm 及 2 000 mm 时为 3ϕ8。

6）墙身加固

当墙身由于承受集中荷载、开洞以及地震等因素的影响，致使墙体稳定性有所降低，这时须考虑对墙身采取加固措施。

（1）增设壁柱和门垛　当墙体的窗间墙上出现集中荷载，而墙厚又不足以承受其荷载时，或当墙体的长度和高度超过一定限度，并影响墙体稳定性时，常在墙身局部适当位置增设凸出墙面的壁柱，以提高墙体刚度。壁柱突出墙面的尺寸一般为 120 mm × 370 mm，240 mm × 370 mm，240 mm × 490 mm 等，如图 3.18（a）所示。

凡在墙上开设门洞且门洞开在两墙转角处或丁字墙交接处时，为了便于门框的安置和保证墙体的稳定，需在门靠墙的转角部位或丁字交接的一边设置门垛，如图 3.18（b）所示。

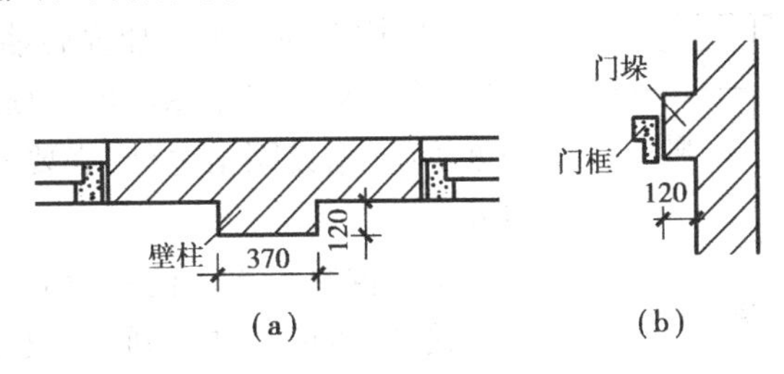

图 3.18　壁柱与门垛

（a）壁柱；（b）门垛

（2）设置圈梁　圈梁，确切地说形似梁而不是梁。梁是一个或多个支点上的受弯构件，而圈梁是沿建筑的外墙四周及部分内横墙设置的连续闭合的带状构造措施。圈梁的作用是提高建筑物的空间刚度及整体性，增强墙体的稳定性，减少由于地基不均匀沉降而引起的墙身开裂。在抗震设防地区，利用圈梁加固墙身更显得必要。

图 3.19　腰箍的作用

观察思考

观察图 3.19 中的木桶，可以看出，是几道有力的腰箍把许多块零散的木块紧紧地拢在一起，使木桶坚固耐用，滴水不漏。

为了使砌体结构建筑更加坚固耐久，安全可靠，是否也可以设置类似于腰箍的加固措施呢？

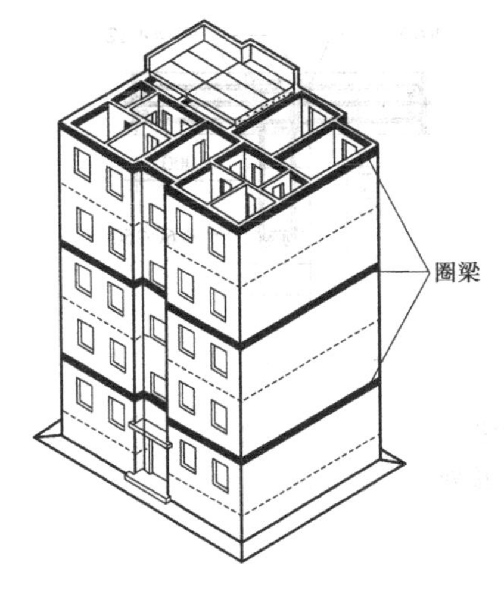

图 3.20　建筑的圈梁

圈梁的设置既要保证建筑的安全可靠，又要努力降低建筑成本。在平面上，圈梁在外墙上必须交圈设置。对内墙，必须在贯通的内纵墙、贯通的内横墙、楼梯间等处设置；不贯通的内横墙可适量设置，一般每 8 ~ 16 m 设置 1 道。在建筑垂直方向上，基础顶和屋顶必须设置圈梁，中间层可视具体情况逐层或隔层设置圈梁，如图 3.20 所示。

圈梁按所用材料，有钢筋混凝土圈梁和钢筋砖圈梁两种。钢筋混凝土圈梁的高度不应小于 120 mm，常见的有 180，240 mm；圈梁的宽度一般与墙厚相同，当墙厚 $d \geqslant 240$ mm 时，其宽度可适当减少，但不宜小于圈梁高的2/3。对某些低层或无振动的建筑，可采用钢筋砖圈梁。

圈梁应连续地设置在同一水平面上，并尽可能地形成封闭状。当圈梁被门窗洞口切断，应在洞口上设置1道不小于圈梁断面的过梁，即附加圈梁。并与圈梁搭接，其搭接长度不应小于错开高度的2倍，也不应小于1 m，如图3.21所示。抗震设防地区，圈梁应完全闭合，不得被洞口所截断。

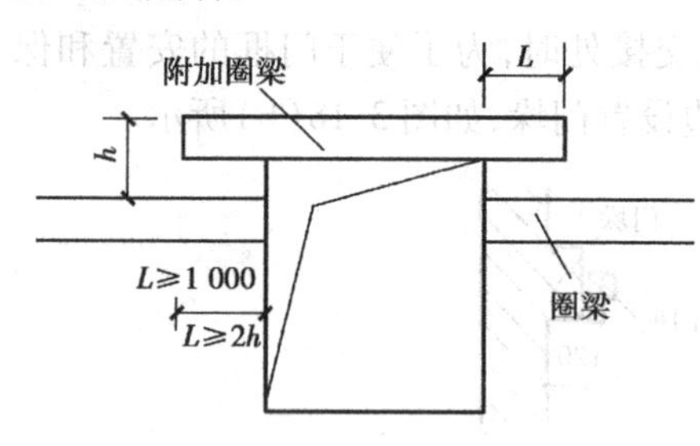

图3.21　附加圈梁

圈梁可代替过梁。当圈梁兼作过梁时，过梁部分的钢筋应按计算用量另行增加。

(3)构造柱　为了加强砖墙的稳定性，在抗震设防地区，除了限制房屋总高度和横墙间距、规定最低砂浆强度等级、增设圈梁之外，必要时可采用钢筋混凝土构造柱。

钢筋混凝土构造柱一般应设在房屋四角以及内外墙交接处、楼梯间、电梯间以及某些较长墙的中部。构造柱必须与圈梁和墙体紧密连结。圈梁的作用是在水平方向将楼板和墙体箍住，而构造柱则从竖向加强层间墙体的连结。构造柱和圈梁共同形成空间骨架，以增加房屋的整体刚度，提高墙体抵抗变形的能力，使墙体在破坏过程中具有一定的延伸性，减缓墙体酥碎现象的产生，在受震开裂后，也能裂而不倒。

钢筋混凝土构造柱下端应锚固于基础圈里，或插入地坪以下500 mm，不需单独设置基础。柱截面尺寸不宜小于240 mm×240 mm，应配4ϕ12主筋，箍筋间距不宜大于250 mm。墙与柱之间应沿墙高每500 mm设2ϕ6钢筋拉结，每边伸入墙内不宜少于1 000 mm，如图3.22所示。

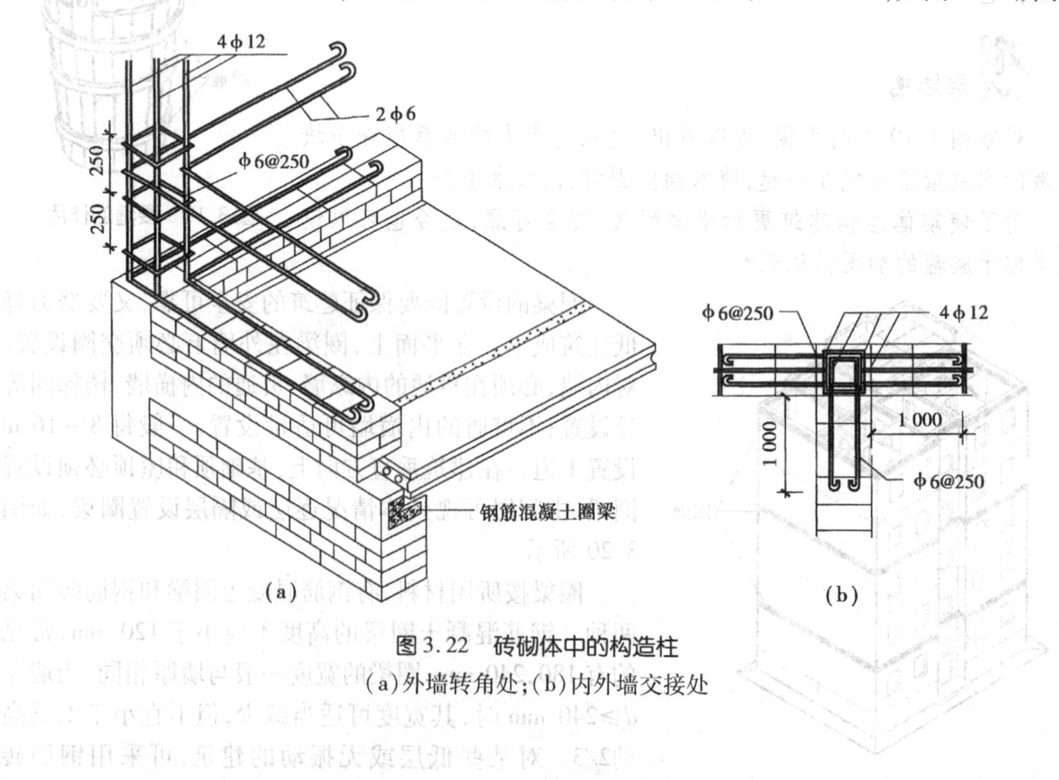

图3.22　砖砌体中的构造柱

(a)外墙转角处；(b)内外墙交接处

练习作业

1. 如何对墙身进行加固?
2. 设置圈梁的作用是什么?

3.3 砌块墙构造

问题引入

本章前面介绍的普通砖(240 mm×115 mm×53 mm)具有块体小、便于手工操作、承载力较高、就地取材造价较低等优点,应用广泛。但也存在着工效低、自重大、墙体厚、与农田争地等诸多缺点。那么怎样才能既适当加大块体尺寸,又便于工人搬运砌筑;既减少墙体厚度、增加使用面积,又能满足承载和热工要求;既不取材于农田,又不加大成本呢?

采用预制块材,按一定技术要求砌筑的墙体称为砌块墙。砌块材料投资少、见效快、生产工艺简单、能充分利用工业废料和地方材料,并有少占耕地、节约能源、保护环境等优点。采用砌块墙是我国目前墙体改革的主要途径之一。一般6层楼以下住宅、学校、办公楼以及单层厂房等都可以采用砌块代替砖使用。

3.3.1 砌块的材料及其类型

砌块生产应结合各地区实际情况,充分利用各地自然资源和工业废渣。目前各地采用的有混凝土、加气混凝土以及各种工业废料,如煤矸石、粉煤灰、矿渣等材料制成的砌块。

按砌块的形式分,砌块有实心砌块和空心砌块两种。空心砌块又有方孔、圆孔和窄孔等数种,如图3.23所示。按砌块的功能分,砌块有承重砌块和保温砌块两种。承重砌块用强度等级高的材料,如普通混凝土和容重较大、强度较高的轻混凝土等;保温砌块一般用表观密度小、导热系数小的材料,如加气混凝土、陶粒混凝土、浮石混凝土等制作。孔洞相互平行交错布置的窄孔砌块保温性能好,用作寒冷地区的外墙砌块。

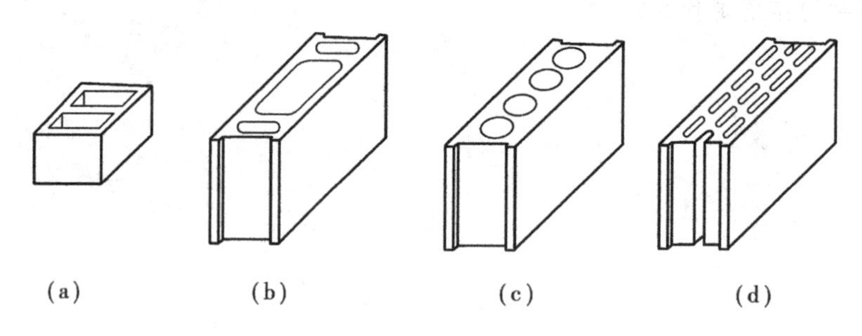

图3.23 空心砌块类型举例

(a)单排方孔;(b)单排方孔;(c)单排圆孔;(d)多排扁孔

我国各地生产的砌块,规格、类型很多,从使用情况看,以中小型砌块居多。目前采用的小型砌块的主块外形尺寸多为 190 mm × 190 mm × 390 mm,辅块尺寸为 90 mm × 190 mm × 190 mm和 190 mm × 190 mm × 190 mm。中型砌块尺寸各地不一,根据各自的生产条件确定。目前常见的有:

180 mm × 845 mm × 630 mm　　180 mm × 845 mm × 1 280 mm

240 mm × 380 mm × 280 mm　　240 mm × 380 mm × 430 mm

240 mm × 380 mm × 580 mm　　240 mm × 380 mm × 880 mm

3.3.2 砌块墙的构造措施

1)增加砌块墙整体性的措施

(1)砌块墙的叠砌　砌块的排列与组合是一件繁杂而重要的工作。为使砌块墙搭接、咬砌牢固,砌块排列整齐有序,减少砌块规格类型,尽量提高主块的使用率和避免镶砖或少镶砖,必须进行砌块排列设计。按排列设计图进料和砌筑,即按建筑物的平面尺寸、层高,对整体进行合理的分块和搭接,以便正确选定砌块的规格、尺寸。

良好的错缝和搭接是保证砌块墙整体性和稳定性的重要措施。由于砌块的体积比砖块大,故墙体接缝显得更重要。在砌块的两端一般设有封闭式的灌浆槽,在砌筑安装时,必须使竖缝填灌密实,水平缝砌筑饱满,使上、下、左、右砌块能更好地连接。一般砌块采用 M5 砂浆砌筑,水平灰缝、垂直灰缝一般为 15 ~ 20 mm。当垂直灰缝大于 30 mm 时,须用 C20 细石混凝土灌实。

砌体必须错缝搭接,上下皮砌块的搭缝长度不得小于 150 mm。当搭缝长度不足时,应在水平灰缝内增设 2ϕ4 的钢筋网片,如图 3.24 所示。

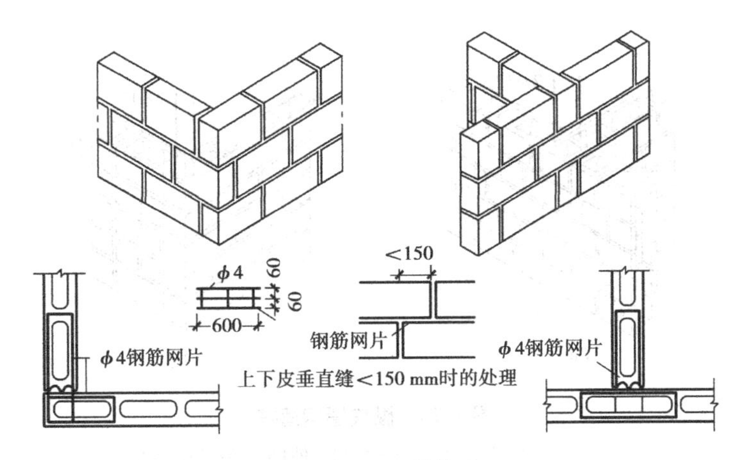

图 3.24 砌块墙构造

砌块墙体在室内地坪以下，室外明沟或散水以上的砌体内，应设置水平防潮层，一般采用防水砂浆或加筋混凝土，同时应以水泥砂浆做勒脚抹面。

(2)过梁与圈梁 过梁是砌块墙的重要构件，既起联系梁和承受门窗洞孔上部荷载的作用，同时又是一种调节砌块。当层高与砌块高出现差异时，过梁高度的变化可起调节作用，从而使得砌块的通用性更大。

为加强砌块建筑的整体性，多层砌块建筑应按楼层每层设置圈梁。当圈梁与过梁位置接近时，往往圈梁、过梁一并考虑。

圈梁有现浇和预制两种。现浇圈梁整体性强，对加固墙身较为有利，但施工支模较复杂，故不少地区采用 U 形预制砌块，在凹槽内配置钢筋，并现浇混凝土形成圈梁，如图 3.25 所示。

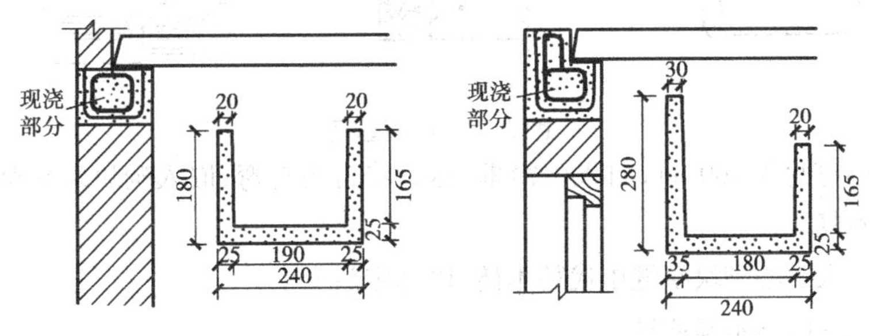

图 3.25 砌块圈梁

(3)设构造柱 为加强砌块建筑的整体刚度，常于外墙转角和必要的内、外墙交接处设置构造柱。构造柱多利用空心砌块将其上下孔洞对齐，于孔中配置 $\phi10 \sim \phi12$ 钢筋分层插入，并用 C20 细石混凝土分层填实，如图 3.26 所示。构造柱与圈梁、基础须有较好的连结，这对抗震加固也十分有利。

2)门窗固定

普通粘土砖砌体与门窗的连接，一般是在砌体中预埋防腐木砖，通过钉子将木门窗框固定其上；金属门窗与砌体中的预埋铁件焊牢或膨胀螺栓固定。为简化砌块生产和减少砌块的规

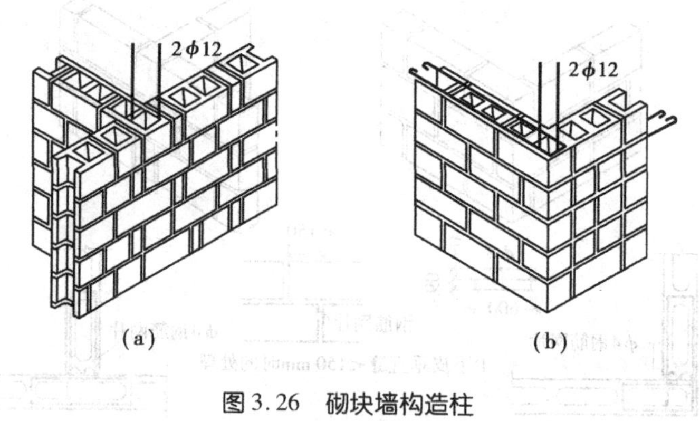

图 3.26 砌块墙构造柱

(a)内、外墙交接处构造柱;(b)外墙转角处构造柱

格类型,砌块中不宜设木砖和铁件。另外有些砌块强度低,直接用圆钉固定门窗容易松动。因此,在实践中一般采用如图 3.27 的做法。

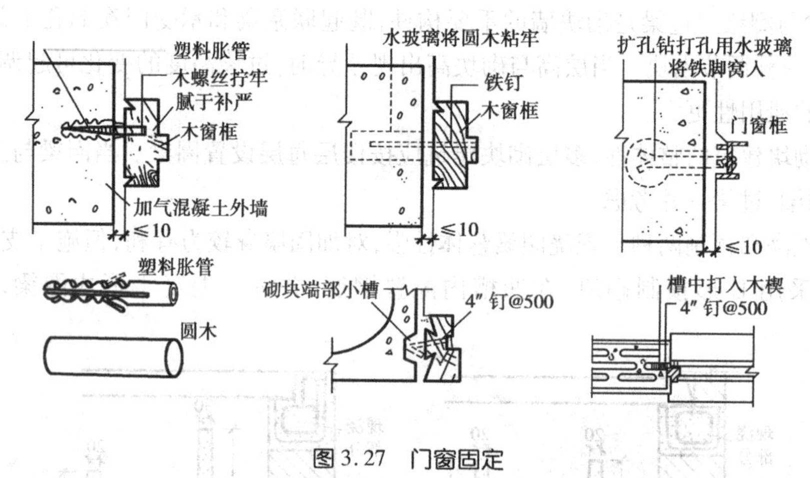

图 3.27 门窗固定

①用 4″木圆钉每隔 300 mm 钉入门窗框,然后将钉头打弯,嵌入砌块端头竖向小槽内,从门窗两侧嵌入砂浆。

②将木楔打入空心砌块窄缝中代替木砖,以固定门窗框。

③在砌块灰缝内窝木榫或铁件。

④加气混凝土砌块砌体常埋胶粘圆木或塑料胀管来固定门窗。

⑤钢筋混凝土墙体常用预埋铁件或防腐木砖来固定门窗。

3)防湿构造

砌块多为多孔材料,吸水性强,容易受潮,特别是在檐口、窗台、勒脚及水落管附近墙面等部位。在湿度较大的房间中,砌块墙也应有相应的防湿措施,如将第一皮砌块的孔洞用 C20 混凝土填实。

练习作业

加强砌块墙整体性的措施有哪些?

3.4 隔墙构造

问题引入

如果需要把大房间分隔成小房间,应怎样增加隔墙?这种隔墙与内墙有什么区别?如果根据需要可以改变隔墙的位置,那么应该如何进行构造处理?

3.4.1 对隔墙的要求

隔墙是指把房屋内部分割成若干房间或空间的墙。隔墙与房屋的内墙不同,它是不承重的。由于人们对房屋内部空间有不同的使用要求,因而对隔墙有一些特殊的要求:

①隔墙通常搁置在承墙梁或楼板上,因而要求它的质量要轻,以减少梁或楼板承受的荷载。

②隔墙不承重,在满足稳定性的要求下,它的厚度应尽量薄,以减少结构面积,增加房屋的使用面积。

③有些隔墙,如公共建筑的隔墙和住宅的户间隔墙等,应具有一定的隔声能力。

④对有些部位的隔墙,有耐火、耐湿、耐腐蚀等要求,如住宅中厨房的隔墙应耐火、盥洗室和卫生间的隔墙应耐湿等。

⑤为了适应房间分隔可以变化的要求,隔墙应该便于拆卸和安装。在较高级的建筑中,常在天棚和地面预留连接件,以便按照不同的要求,变更隔墙位置。

⑥尽量减少施工现场的湿作业,以减轻工人的劳动强度,提高效率,降低造价。

3.4.2 隔墙的构造

隔墙的类型很多,常见的隔墙可分为砌筑隔墙、骨架隔墙和条板隔墙。

1)砌筑隔墙

砌筑隔墙系指利用普通砖、空心砖以及各种轻质砌块砌筑的墙体。普通砖隔墙按厚度分为1/4砖厚(60 mm)和半砖厚(120 mm)两种。

(1)1/4砖厚隔墙　1/4砖厚隔墙是由普通砖侧砌,其高度一般不应超过2.8 m,长度不超过3.0 m,砌筑砂浆不低于M5,多用于住宅厨房和卫生间的分隔。

(2)半砖隔墙　用普通砖顺砌,当采用M2.5级砂浆砌筑时,其高度不宜超过3.6 m,长度不宜超过5 m;当采用M5级砂浆砌筑时,高度不宜超过4 m,长度不宜超过6 m。在墙体高度超过5.0 m时应做加固处理,一般沿高度每隔0.5 m砌入ϕ4钢筋2根,或每隔1.2~1.5 m设1道30~50 mm厚的水泥砂浆层,内放2根ϕ6钢筋。顶部与楼板相接处用立砖斜砌,以预防楼板结构产生挠度,致使隔墙被压坏,如图3.28所示。

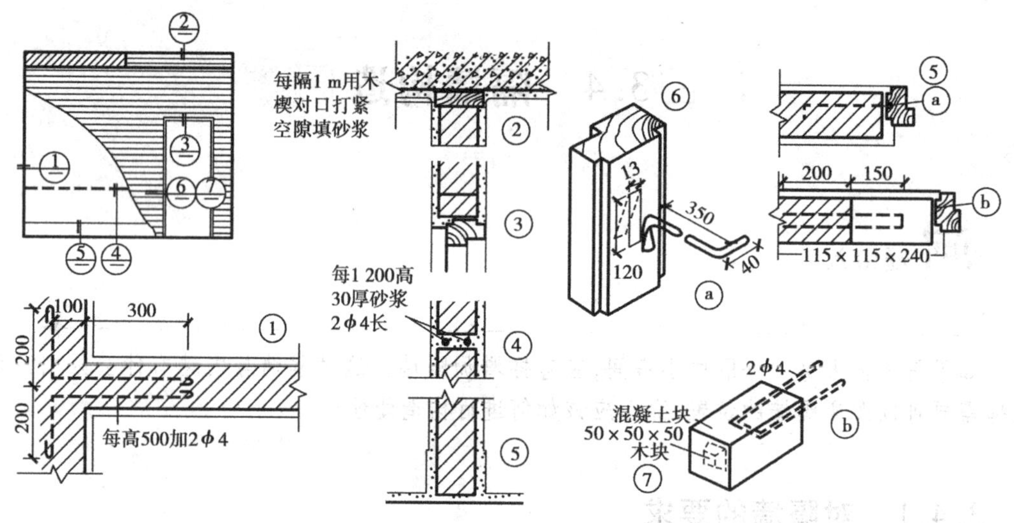

图3.28　半砖隔墙

为了减轻隔墙的质量,常采用材质轻的各种材料砌筑隔墙,常用的有加气混凝土砌块、粉煤灰硅酸盐砌块、水泥炉渣空心砖等制成的实心或空心砌块砌筑。常用于砌筑隔墙的砌块厚度为100 mm或125 mm。由于墙的稳定性较差,亦需对墙身进行加固处理。其加固处理与普通砖相同,其构造如图3.29所示。

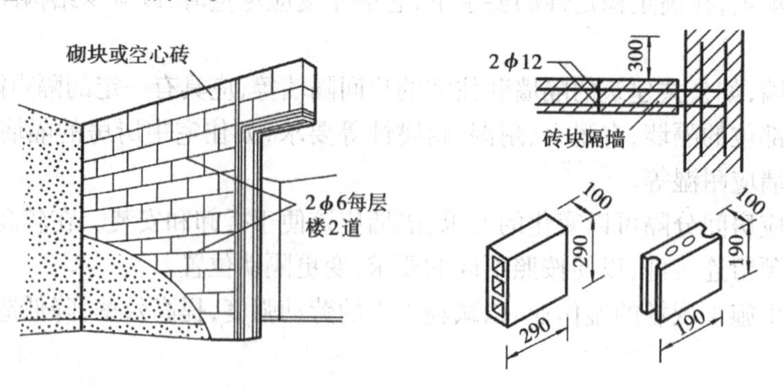

图3.29　砌块隔墙

2)骨架式隔墙

骨架式隔墙是由骨架和面层两部分组成。

(1)骨架　常用的骨架有木骨架和轻钢骨架。近年来,为节约木材和钢材,多采用工业废料和轻金属制成的骨架,如石棉水泥骨架、浇注石膏骨架、水泥刨花骨架和轻钢、铝合金骨架等。

木骨架由上槛、下槛、墙筋、斜撑、横档组成，又称木龙骨。上、下槛及墙筋的截面尺寸为45～50 mm，斜撑和横档截面尺寸略小些。墙筋间距常用400 mm。骨架用钉固定在两侧砖墙预埋的防腐木砖上，如图3.30所示。

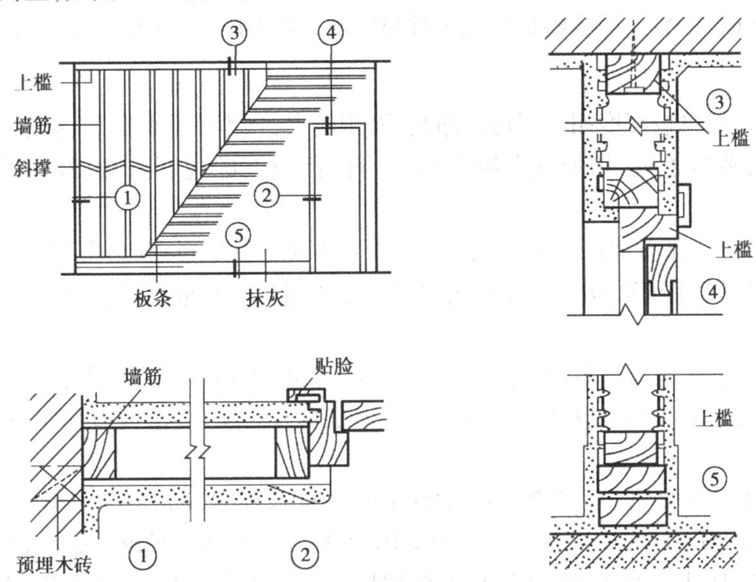

图3.30 木骨架板条抹灰面层隔墙

金属骨架由各种型式的薄壁型钢加工而成，又称轻钢龙骨。它具有质量轻、强度大、刚度大、结构整体性强等优点。常用的薄壁型钢有0.8～1 mm厚槽钢和工字钢。安装时，先用螺丝钉将上槛、下槛固定在楼板上，然后再安装轻钢龙骨的墙筋，间距为400～600 mm，龙骨上留有走线孔，如图3.31所示。

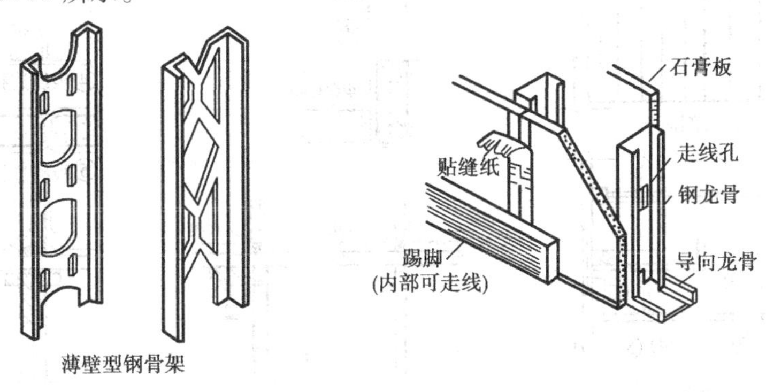

图3.31 金属骨架隔墙

(2)面层 骨架式隔墙的面层有抹灰面层和人造板材面层。抹灰面层常用于木骨架，即传统的板条灰隔墙。人造板材面层可用于木骨架和轻钢龙骨。

①板条抹灰面层：在木龙骨上钉灰板条，然后抹灰。灰板条一般为6 mm×30 mm×120 mm，板条之间在垂直方向应留出6～10 mm的缝隙，以便抹灰时灰浆挤入缝内抓住板条。为提高隔墙的防火、防潮能力和节约木材，可在骨架两侧加做钢丝网或钢板网，然后再做成抹灰面层。

②人造板材面层:人造板材面层轻钢骨架隔墙的面板多为人造面板,如人造木板、水泥纤维板、纸面石膏板等。人造板材在骨架上的固定方法有钉、粘、卡3种,其构造做法见3.5墙面装修构造一节。人造板与骨架的关系有两种:一种是在骨架的两面或一面,用压条压缝或不用压条压缝,即贴面式;另一种是将板材置于骨架中间,四周用压条压住,即镶板式。

3)条板隔墙

条板隔墙是指单板高度相当于房间净高,面积较大,且不依赖骨架,直接装配而成的隔墙。目前,采用的大多为条板,如加气混凝土条板、石膏条板、碳化石灰板、蜂窝纸板、水泥刨花板等。

(1)加气混凝土条板隔墙　加气混凝土条板由水泥、石灰、砂、矿渣等加发气剂(铝粉),经过原料处理、配料、浇筑、切割、蒸压养护等工序制成,干重度 5 ~ 7 kN/m^3,抗压强度 300 ~ 500 N/cm^2。

加气混凝土条板具有自重轻,施工简单,可锯、可刨、可钉等优点。但其吸水性大、耐腐蚀性差、强度较低,运输、施工过程中易损坏,不宜用于具有高温、高湿或有化学及有害空气介质的建筑中。

加气混凝土条板规格为长 2 700 ~ 3 000 mm,宽 600 ~ 800 mm,厚 80 ~ 100 mm。隔墙条板之间有107胶砂浆(107胶：珍珠岩粉：水 = 100：15：2.5)或水玻璃砂浆(水玻璃：磨矿砂：细砂 = 1：1：2)粘结。加气混凝土隔墙的两端板与建筑墙体的连接,可采用预埋插筋做法,条板顶端与楼面或梁下用粘结砂浆做刚性连接,下端用一对对口木楔在板底将板楔紧,如图3.32所示。

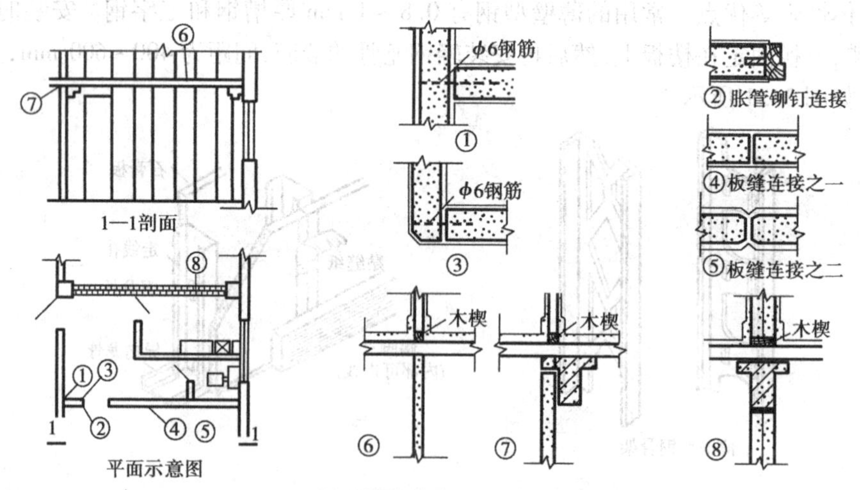

图3.32　加气混凝土条板隔墙

(2)碳化石灰板隔墙　碳化石灰板是以磨细的生石灰为主要原料,掺入生石灰量的3% ~ 4%的短玻璃纤维,加水搅拌,振动成型,利用石灰窑的废气碳化而成的空心板。碳化石灰板的规格为长 2 700 ~ 3 000 mm,宽 500 ~ 800 mm,厚 90 ~ 120 mm。板的安装同加气混凝土条板隔墙,如图3.33所示。

碳化石灰板隔墙可做成单层或双层,90 mm 或 120 mm 墙隔声能力为 33.9 dB 或 35.7 dB。60 mm 宽空气间层的双层板,平均隔声能力为 48.3 dB,适用于隔声要求高的房间。

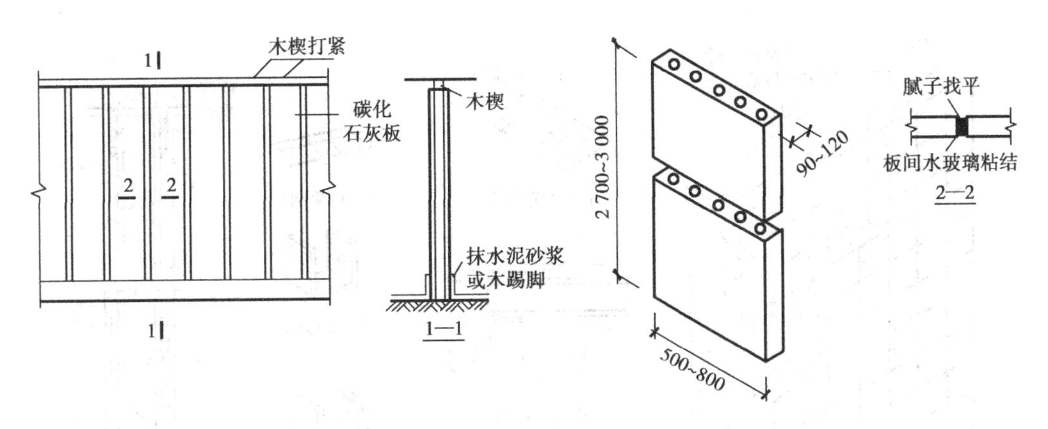

图 3.33 碳化石灰板隔墙

碳化石灰板材料来源广泛、生产工艺简单、成本低、密度轻、隔声效果好。

(3)增强石膏空心板　增强石膏空心板分为普通条板、钢木窗框条板及防水条板 3 种，按各种功能要求配套使用。如图 3.34 所示，石膏空心板规格为宽 600 mm，厚 60 mm，长 2 400 ~ 3 000 mm，9 个孔，孔径 38 mm，空隙率为 28%，能满足防火、隔声及抗撞击的要求。

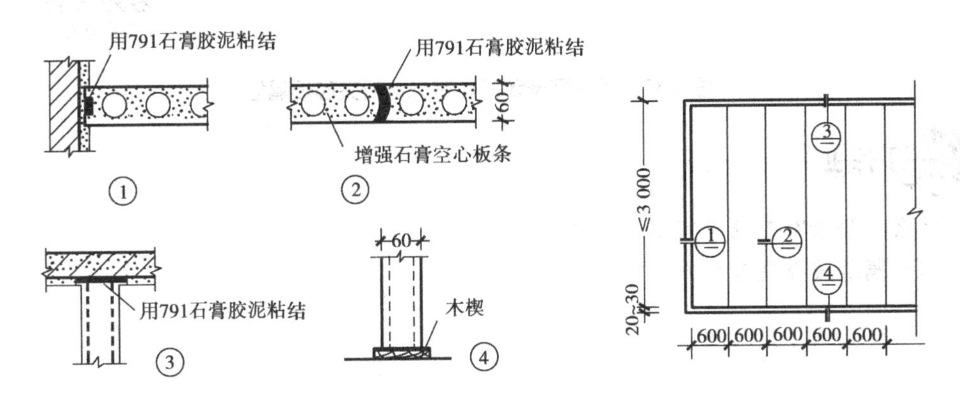

图 3.34 增强石膏空心条板

(4)钢丝网聚苯乙烯泡沫塑料夹芯板　钢丝网聚苯乙烯泡沫塑料夹芯板也称为泰柏板，是由 $\phi2$ 低碳冷拔镀锌钢丝焊接成三维空间网笼，中间填充聚苯乙烯泡沫塑料制成的轻质板材。

钢丝网聚苯乙烯泡沫塑料夹芯板厚约 76 mm、宽 1 200 ~ 1 400 mm、长 2 100 ~ 4 000 mm。它自重轻(3.9 kg/m^2，双面抹灰后重 84 kg/m^2)，强度高(轴向抗压允许荷载≥73 kN/m^2，横向抗折允许荷载为 2.0 kN/m^2)，保温、隔热性能好，具有一定隔声能力和防火性能(耐火极限为 1.22 h)，故广泛用作工业与民用建筑的内、外墙，轻型屋面以及小开间建筑的楼板等。

钢丝网聚苯乙烯泡沫塑料夹芯板墙体与楼、地坪的固定连接，如图 3.35 所示。由于其板芯材料为苯乙烯原料，在高温下能发出有毒气体，故在用作内墙时，应十分慎重。

另外，隔断作为分隔室内空间的装修构件，是建筑室内设计中常用的一种处理手法。它的作用在于变化空间或遮挡视线，以增加空间的层次和深度，使空间既分又合，且互相连通，产生丰富的意境效果。隔断的形式主要有屏风式隔断、镂空式隔断、玻璃式隔断、移动式隔断以及家具式隔断等。

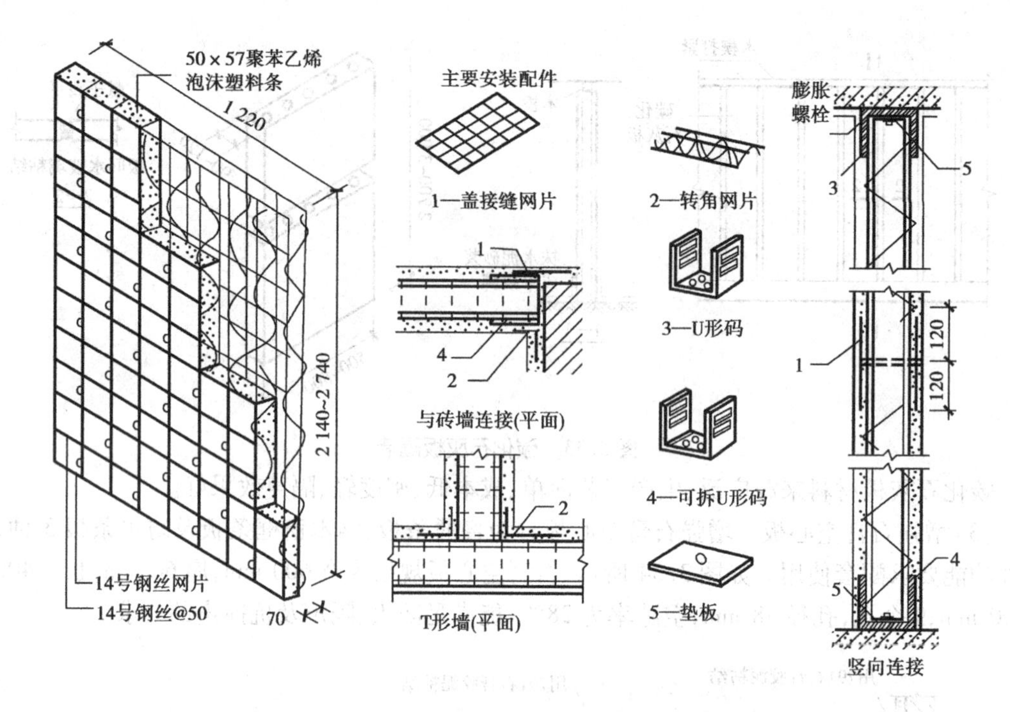

图3.35 钢丝网聚苯乙烯泡沫塑料夹芯板隔墙

练习作业

1. 什么是隔墙？对隔墙有哪些特殊要求？
2. 砌筑隔墙按厚度分为哪两种？

3.5 墙面装修构造

问题引入

为美化建筑环境，增强建筑外观的美观，需要对墙体进行装修。那么如何对墙体进行装修呢？墙面装修分为哪几类？下面，我们来了解墙面装修构造知识。

3.5.1 墙面装修的作用

墙面装修是墙体构造不可缺少的组成部分，其主要作用有以下几个方面。

①保护墙体。墙面装修层能防止墙体直接受到风吹、日晒、雨淋、霜雪和冰雹的袭击，还能抵御空气中腐蚀性气体和微生物的破坏作用，延长墙体的使用年限。

②改善和提高墙体的使用功能。装修层增加了墙体的厚度，可以提高墙体的保温能力。室内装修层平整、光滑，浅色的表面可以增加光线的反射，提高室内照度。在采用不同材料装修墙面时，可以产生对声音不同的吸收和反射效果，用以改善室内的音质，经过装修的墙面平整、光洁，便于清扫和保持卫生等。

③美化建筑环境，提高艺术效果。一个房屋的外观效果主要取决于总的形体、各部分的比例、虚实对比、墙面划分等立面设计手法，墙面装修的作用则是通过质感、线型和色彩来增加立面效果，达到美观的目的。墙面装修对室内也具有同样的作用。

3.5.2 墙面装修构造

墙面装修分为外墙装修和内墙装修。按材料和施工方式不同，墙面装修一般分为抹灰类、贴面类、涂刷类、裱糊类、镶钉类等，见表3.4。

表3.4 墙面装修的分类

分 类	室外装修	室内装修
抹灰类	水泥砂浆、混合砂浆、聚合物水泥砂浆、拉毛、甩毛、扒拉石、假面砖、水刷石、干粘石、喷粘石、斩假石、拉假石、喷毛、喷涂、滚涂、弹涂	纸筋灰、麻刀灰、石膏罩面、膨胀珍珠岩灰浆罩面、拉毛、拉条、扫毛、混合砂浆
贴面类	面砖、陶瓷锦砖、水磨石板、天然石材	瓷砖、大理石板
涂刷类	石灰浆、水泥浆、勾缝、溶剂型涂料、乳液涂料、硅酸盐无机涂料	大白浆、石灰浆、油漆、乳胶漆、水溶性涂料
裱糊类		纸基涂粗壁纸、纸基复塑壁纸、玻璃纤维贴墙布、织锦
镶钉类	各种金属饰面板、石棉水泥板、玻璃	各种木夹板、木纤维板、石膏板及各种装饰面板等

1)抹灰类墙面装修

抹灰类墙面装修是指采用水泥、石灰或石膏等为胶结料,加入砂或石渣,用水拌和成的砂浆或石渣浆的墙体饰面,是一种传统的墙面装修做法。其主要优点是材料来源广泛、施工操作较简便、造价较低廉,但目前多系手工湿作业,工效较低,劳动强度较大。

为保证抹灰平整、牢固,避免龟裂、脱落,在构造上须分层。抹灰装修层由底层、中层和面层3个层次组成,如图3.36所示。普通装修标准的墙面一般只做底层和面层。抹灰不宜过厚,外墙一般为20~25 mm,内墙一般为15~20 mm。

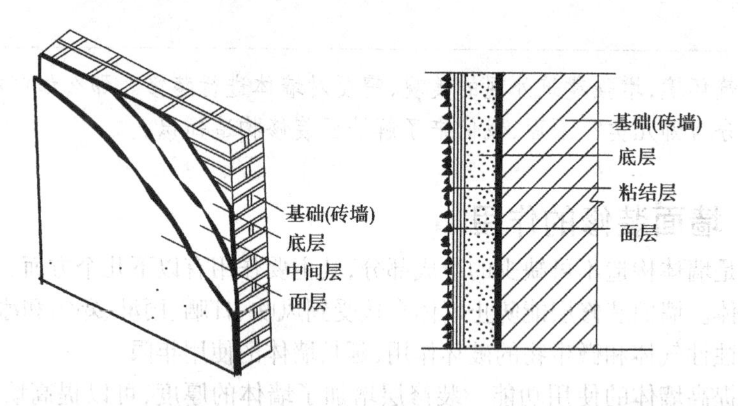

图3.36 墙面抹灰的分层构造

底层主要与基层粘结,同时起初步找平作用,厚度为5~10 mm。底层灰浆用料视基层材料而异:普通砖墙常采用石灰砂浆和混合砂浆;混凝土墙应采用混合砂浆和水泥砂浆;对于木板条墙,由于与灰浆粘结力差,抹灰容易开裂、脱落,应在石灰砂浆或混合砂浆中掺入适量的纸筋、麻刀或玻璃纤维,施工时将底灰挤入板条缝隙,以加强拉结,避免开裂、脱落。

中层主要起找平作用,其所用材料与底层基本相同,厚度一般为7~8 mm。

面层抹灰又称罩面,主要起装饰作用,要求表面平整、色彩均匀、无裂纹,可以做成光滑、粗糙等不同质感的表面,根据面层所用材料,抹灰装修有很多类型,表3.5列举了一些常见做法。

表3.5 墙面抹灰做法举例

名　称	构造及材料配比举例	适用范围
水泥砂浆	12厚1:3水泥砂浆打底 8厚1:2.5水泥砂浆罩面	外墙或内墙 受水部位
混合砂浆	12厚1:1:6水泥石灰砂浆 8厚1:1:4水泥石灰砂浆	内墙、外墙
纸筋(麻刀)灰	12~17厚(1:2)~(1:2.5)石灰砂浆 2~3厚纸筋(麻刀)灰罩面	内　墙
水刷石	15厚1:3水泥砂浆素水泥浆1道 10厚1:1.5水泥石子,后用水刷	外　墙
干粘石	12厚1:3水泥砂浆 6厚1:3水泥砂浆 粘石渣、拍平压实	外　墙

续表

名　称	构造及材料配比举例	适用范围
水磨石	12 厚 1∶3 水泥砂浆 素水泥浆 1 道 10 厚水泥石渣罩面、磨光	勒脚、墙裙
剁斧石(斩假石)	12 厚 1∶3 水泥砂浆 素水泥浆 1 道 10 厚水泥石屑罩面、赶平压实剁斧斩毛	外　墙
砂浆拉毛	15 厚 1∶1∶6 水泥石灰砂浆 5 厚 1∶0.5∶5 水泥石灰砂浆 拉毛	内墙、外墙

在距地面 1.2 ~1.5 m 高度的墙面(人群活动频繁,较易碰撞或有防水要求)内墙下段,宜做墙裙,其构造如图 3.37 所示。对易于碰撞的内墙阳角、门洞转角等处还须做护角保护,护角一般高 2 m,如图 3.38 所示。

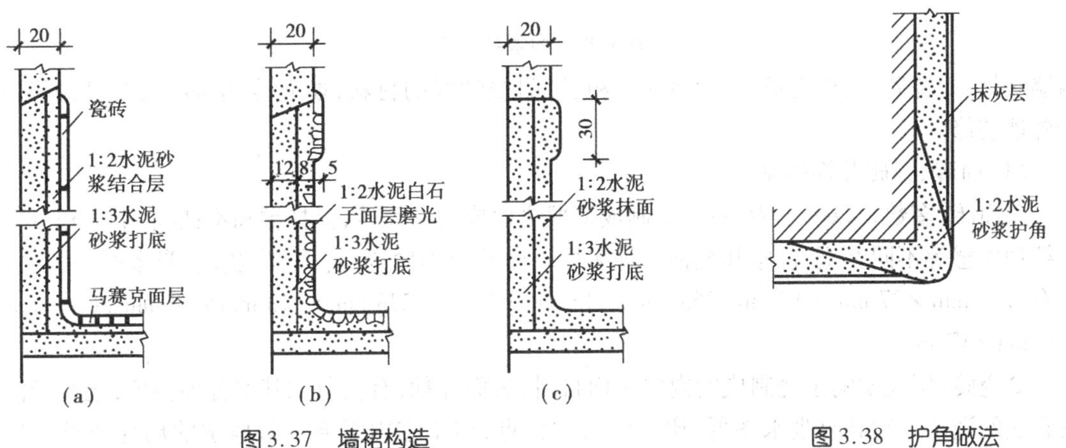

图 3.37　墙裙构造

(a)贴瓷砖;(b)水磨石墙裙;(c)水泥砂浆墙裙

图 3.38　护角做法

在地面与墙面交接处,通常按地面做法进行处理,即作为地面的延伸部分,这部分称踢脚线,也称踢脚板。踢脚线的主要功能是保护墙面,以防止墙面因受外界碰撞而损坏,或在清洗地面时脏污墙面。踢脚线的高度一般为 100 ~150 mm,其材料基本与地面一致,也可用其他材料,构造亦按分层制作。通常比墙面抹灰突出 4 ~6 mm。踢脚线构造如图 3.39 所示。

外墙面因抹灰面积较大,由于材料干缩和温度变化,容易产生裂缝,常将抹灰面层做线脚分格。用素水泥砂浆将浸过水的小木条临时固定在分隔线上,做成引条,在外墙面层施工前设置不同形式的木引条,待面层抹灰干后取出引条,即形成线脚,俗称引条线,如图 3.40 所示。

2)贴面类墙面装修

贴面类墙面装修是利用各种天然石板或人造板直接贴于基层表面或通过构造连接固定于基层上的装修层,它具有耐久、装饰效果好、容易清洗等优点。

常用的贴面材料有面砖、瓷砖、锦砖等陶瓷和玻璃制品,水磨石板、水刷石板和剁斧石板等水泥制品以及花岗岩板和大理石板等天然石板。一般多将质感细腻、耐候性较差的材料用于

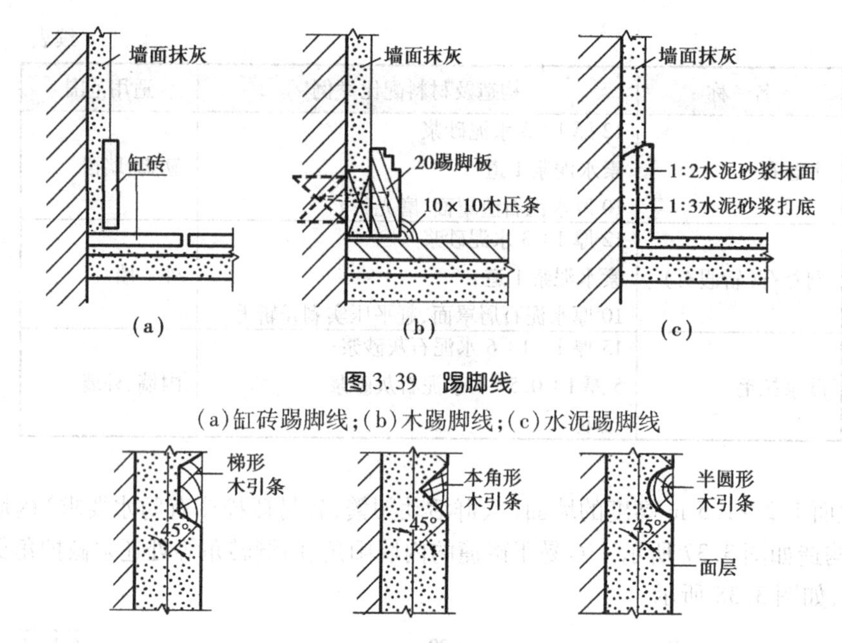

图 3.39　踢脚线

(a)缸砖踢脚线;(b)木踢脚线;(c)水泥踢脚线

图 3.40　引条线做法

内墙装修,如瓷砖、大理石板等,而将质感粗犷、耐候性好的材料,如面砖、锦砖、花岗岩板等用于外墙装修。

(1)面砖、瓷砖及锦砖贴面

①面砖:多数是以陶土为原料,压制成型煅烧而成的饰面砖,分挂釉和不挂釉、平滑和有一定纹理质感等不同类型,色彩和规格多种多样。面砖质地紧固、防冻、耐蚀、色彩多样,常用规格有:113 mm×77 mm×17 mm,265 mm×113 mm×17 mm,233 mm×113 mm×17 mm,265 mm×113 mm×17 mm。

②瓷砖:用优质陶土烧制成的内墙贴面材料,表面挂釉,有白色和其他各种颜色,还有带图案花纹的瓷砖。它具有吸水率低、比较耐久的特点,用于室内需要经常擦洗的局部或整片墙面,如医院手术室、厨房、卫生间等。规格品种也较多,常用的有 151 mm×151 mm×5 mm,300 mm×200 mm×5 mm 等,并配套各种边角制品。

③锦砖:又名马赛克。陶瓷锦砖是以优质陶土烧制而成的小块瓷块,有挂釉和不挂釉 2 种。常用规格有 18.5 mm×18.5 mm×5 mm、39 mm×39 mm×5 mm 等,有方形、长方形和其他不规则形,用于外墙装修。锦砖与面砖相比,造价较低。与陶瓷锦砖相似的玻璃锦砖是半透明的玻璃质饰面材料,它质地坚硬、色泽柔和,具有耐热、耐蚀、不龟裂、不退色、造价低等特点。由于玻璃马赛克尺寸较小,为便于粘贴,出厂前已按各种图案反贴在标准尺寸 325 mm×325 mm的牛皮纸上。

面砖等类型的贴面材料通常是直接用水泥砂浆将它们粘于墙上。一般将墙面清理干净后,用 1∶3 水泥砂浆打底找平,再抹掺有 107 胶的 1∶2.5 水泥细砂砂浆或用 1∶0.3∶3 水泥石灰砂浆粘贴面层制品。107 胶的掺入量为水泥量的 5%～10%。粘结砂浆的厚度通常不小于 10 mm。粘贴陶瓷锦砖时,用 1∶1∶8 的纸筋、石灰膏、水泥配合而成的混合水泥浆进行粘贴。为了提高粘附质量,也可用掺入水泥量 5%～10% 的 107 胶或聚醋酸乙烯乳胶的水泥浆粘贴，此时粘结砂浆的厚度可由原来的 2 ~3 mm 减为 1 ~2 mm，如图 3.41 所示。

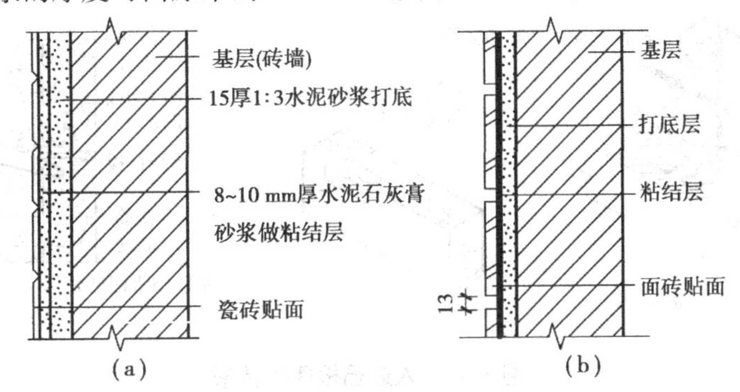

图 3.41 瓷砖与面砖贴面

(a)瓷砖贴面；(b)面砖贴面

(2)天然石板和人造石板贴面　用于墙面装修的天然石板有花岗岩板、大理石板，属于高级装修饰面。

花岗岩有不同的色彩，如黑、白、灰、粉红等，纹理多呈现斑点状。花岗岩不易风化变质，外观色泽可保持 100 年以上。从装饰质感分有剁斧石、蘑菇石和磨光 3 种，主要用于室外墙面装修。

大理石的表面磨光后纹理雅致，色泽鲜艳。但大理石易受酸碱腐蚀，故只适用于室内装饰。

人造石板一般由白水泥、彩色石子、颜料等配合而成，具有强度高、表面光洁、色彩多样、造价较低等优点，常见的有水磨石板、仿大理石板等。

石板材贴面的构造是在墙面预埋铁件，固定钢筋网，再将石板材用铜丝或镀锌铁丝穿过事先在石板背面凿有的孔眼，并绑扎在钢筋网上，并在墙面与石材之间灌 1∶2.5 的水泥砂浆。每次灌浆高度不宜超过 150 ~200 mm，且不得大于板高的 1/3。待下层砂浆凝固后，再灌注上一层，使其连成整体。墙面与石材之间的距离一般为 30 ~50 mm，如图 3.42 所示。

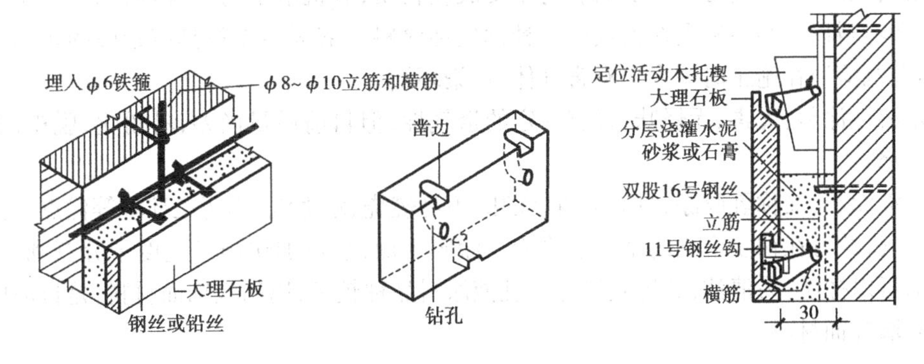

图 3.42 天然石板贴面的构造

人造石板墙面装修构造和安装顺序与天然石板相同，但不必在板上凿孔，而是借板块背面露出的钢筋挂钩用镀锌铁丝绑牢或用挂钩钩住即可，如图 3.43 所示。

3)涂料类墙面装修

涂料类墙面装修是将各种涂料涂敷于基层表面而形成牢固的膜层，从而起到保护墙面和

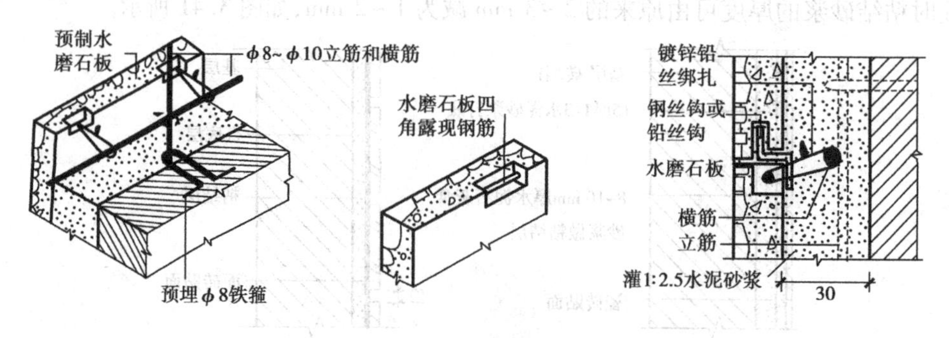

图 3.43 人造石板墙面装修

装饰墙面的一种装修做法。

建筑的内外墙面用涂料作饰面是饰面做法中最简便的一种方式。虽然与传统的贴面砖、水刷石抹灰等相比,有效使用年限较短,但由于省工、省料、工期短、工效高、自重轻、更新方便,是一种很有前途的装修类型。

墙面涂料装修多以抹灰层为基层,也可直接涂刷在砖、混凝土、木材等基层上。根据装饰要求,可以采取刷涂、滚涂、弹涂、喷涂等施工方法以形成不同的质感效果。

建筑涂料品种繁多,应根据建筑的使用功能、墙体所处环境、施工和经济条件等,尽量选择附着力强、耐久、无毒、耐污染、装饰效果好的涂料。

涂料按其主要成膜物不同,分为有机和无机两大类:

(1)无机涂料　传统的无机涂料有石灰浆、大白浆、水泥浆等,因自身的缺点,已很少使用。近年来新型的无机高分子涂料具有附着力强、耐热、耐老化、耐酸碱、耐擦洗等优点,多用于外墙装修。

(2)有机涂料　有机涂料依其主要成膜物质稀释剂不同,有溶剂型涂料、水溶性涂料和乳液涂料 3 类。

①溶剂型涂料:以高分子合成树脂为主要成膜物质,有机溶剂为稀释剂,加入一定量的颜料、填料和辅料以研磨溶解配制而成的一种挥发性涂料。溶剂型涂料具有较好的耐水性和耐候性,但有机溶液在施工时挥发出有害气体,污染环境。

②水溶性涂料:无毒、无怪味,且有一定的透气性,但目前质量尚差,易粉化、脱皮,因此不作高级装修。

③乳液涂料:又称乳胶漆,具有无毒、无味、不易燃烧、耐擦洗、不污染环境等优点。由于涂膜多孔透气,故可在初步干燥的基层上涂刷。涂膜干燥快,对加快施工进度十分有利。另外,涂膜饰面可以擦洗,易清洁,装饰效果好。乳液涂料品种较多,属高级饰面材料,是目前广为采用的内外墙饰面材料。

4)裱糊类墙面装修

裱糊类装修是将各种装饰性壁纸、墙布等卷材用粘结剂裱糊在墙面上而成的一种饰面,材料和花色品种繁多。

(1)PVC(聚氯乙烯)塑料壁纸　塑料壁纸由面层和衬底层组成。面层以聚氯乙烯塑料薄膜或发泡塑料为原料,经配色、喷花而成。发泡面层具有弹性,花纹起伏多变,立体感强,美观豪华等优点。壁纸的衬底一般分纸基和布基两类。纸基加工简单、价格低，但抗拉性能较差；布基则有较高抗拉能力，价格较高。

(2)织物墙布　由动植物(毛、麻、丝)或其他人造纤维编织成的织物面料复合于纸基衬底上制成的墙布，它色彩自然、质感细腻、美观高雅，是高级内墙材料。另一种较普及的织物墙布为玻璃纤维墙布，它是以玻璃纤维织物为基材，经加色、印花而成的一种装饰卷材，具有加工简单、耐火、防水、抗拉强、可擦洗、造价低等优点，并且织纹感强，装饰效果好。缺点是玻璃纤维墙布的遮盖力较差，基层颜色有深浅差异时容易在裱糊的饰面上显现出来，日久变黄并易泛色。

各种壁纸均应粘贴在具有一定强度、表面平整光洁、不疏松掉粉的干净基层上，如水泥砂浆、混合砂浆、石灰砂浆抹面，纸筋灰罩面、石膏板、石棉水泥板等预制板材，以及质量达到标准的现浇或预制混凝土墙面，都可以作为裱糊壁纸的基层。为了避免基层吸水过快及反色，裱糊前应在基层上先刮腻子2遍做封闭处理和进一步找平，待腻子干后再开始裱糊。对有防潮和防水要求的墙体，先在基层涂刷均匀的防潮底漆，防潮底漆可用酚醛漆与汽油或松节油等调配，调配比为清漆：汽油(或松节油)=1：3。

裱糊的粘结剂采用聚醋酸乙烯乳液或107胶。

5)镶钉类墙面装修

镶钉类装修是将各种天然木板或人造薄板镶钉在墙面上的装修做法，其构造与骨架隔墙相似，由骨架和面板两部分组成。

(1)骨架　骨架有木骨架和金属骨架之分。由截面一般为50 mm×50 mm的立柱和横撑组成的木骨架钉在预埋在墙上的木砖上，或直接用射钉钉在墙上。立柱和横撑间距应与面板长度和宽度相配合。金属骨架由槽形截面的薄钢立柱和横撑组成。

(2)面板　室内墙面装修用面板，一般采用各种截面的硬木条板、胶合板、纤维板、石膏板及各种吸声板等。

硬木条板装修是将各种截面形式的条板密排竖直镶钉在横撑上，其构造如图3.44所示。为防止条板受潮变形、变质，在立骨架前，先于墙面涂刷防水涂料。胶合板、纤维板等人造薄板可用圆钉或螺丝钉直接固定在木骨架上，板间留有5～8 mm缝隙，以保证面板有微量伸缩的

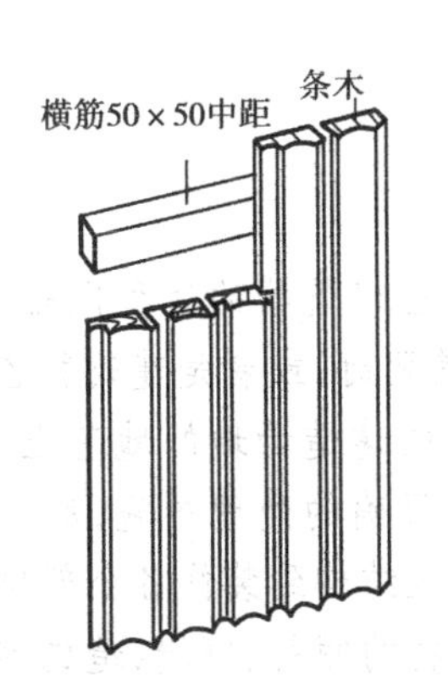

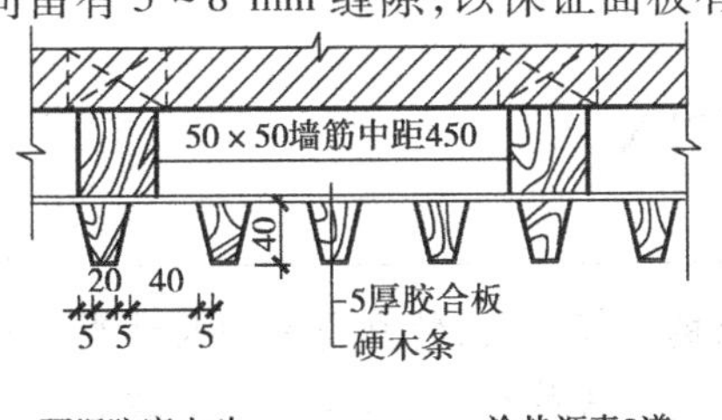

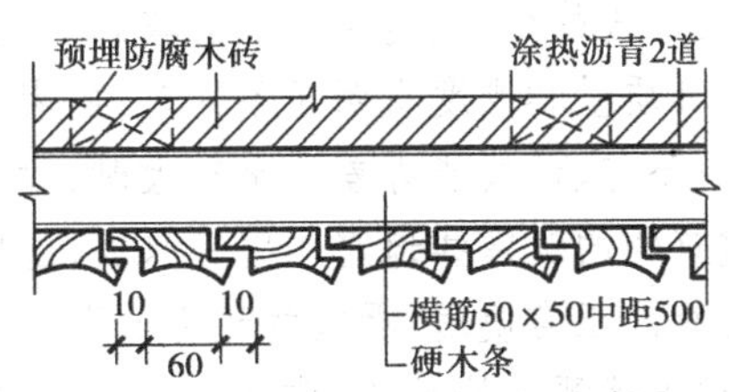

图3.44　墙面木装修

可能,也可用木压条或铜、铝等金属压条盖缝。石膏板与金属骨架的连接一般用自攻螺丝或电钻钻孔后用镀锌螺丝固定。

另外,粘土砖的耐久性好,不易变色并具有独特的线条质感,有较好的装饰效果。如选材得当,且保证砌筑质量,砖墙表面可不另做装修,只需勾缝,这种墙称为清水墙。勾缝的作用是防止雨水侵入,且使墙面整齐美观。勾缝用1∶1或1∶2水泥砂浆,砂浆中可加颜料,也可用砌墙砂浆随砌随勾,称原浆勾缝。勾缝形式有平缝、凹缝、斜缝、弧形缝等,如图3.45所示。

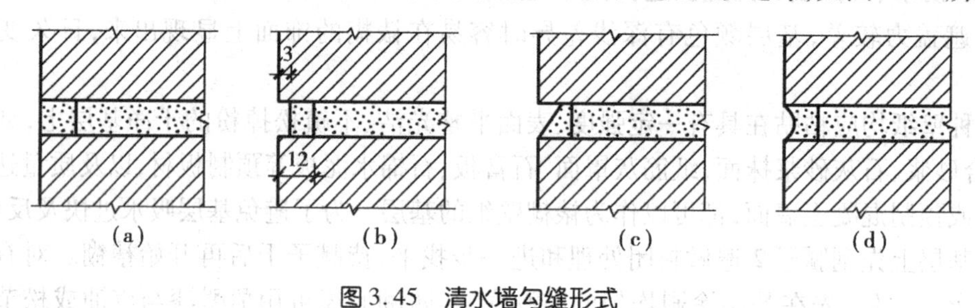

图3.45 清水墙勾缝形式

(a)平缝;(b)凹缝;(c)斜缝;(d)弧形缝

练习作业

墙面装修一般分为哪几类?各有什么特点?

3.6 变形缝

问题引入

当建筑物的规模很大,特别是平面尺寸很大时;或者是当建筑物的体型比较复杂,建筑平面有较大的凸出凹进的变化、建筑立面有较大的高度尺寸差距时;或者是建筑物各部分的结构类型不同,因而其质量和刚度也明显不同时;或者是建筑物的建造场地的地基土质比较复杂、各部分土质软硬不匀、承载能力差别比较大时,如果不采取正确的处理措施,就可能由于环境温度的变化、建筑物的沉降和地震作用等原因,造成建筑物从结构到装修各个部位不同程度的破坏,影响建筑物的正常使用,严重的还可能引起整个建筑物的倾斜、倒塌,造成彻底的破坏。

为避免出现上述严重的后果,常采用的解决办法就是在建筑物的相应部位设置变形缝。那么,什么是变形缝?变形缝有哪些类型?各有什么设置条件?下面,我们就来认识变形缝。

阅读理解

所谓变形缝，实际上就是把建筑物从结构上断开，划分成两个或两个以上的独立的结构单元，各独立结构单元之间的缝隙就形成了变形缝。设置了变形缝后，建筑物从结构的角度看，其独立单元的平面尺寸变小了，复杂的结构体型变得简单了，不同类型的结构之间相对独立了，每个独立结构单元下的地基土质的承载能力差距不大了。这样，当环境温度的变化、建筑物的沉降、地震作用等情形出现时，建筑物不能正常使用甚至结构遭到严重破坏等后果就可以避免。当然，建筑物设置变形缝使其从结构上断开，被划分成两个或两个以上的独立的结构单元之后，在变形缝处还要进行必要的构造处理，以保证建筑物从建筑的角度(例如建筑空间的连续性，建筑保温、防水、隔声等围护功能的实现)上仍然是一个整体。

3.6.1 变形缝的类型和设置条件

根据建筑变形缝设置原因的不同，一般将其分为3种类型，即伸缩缝、沉降缝、防震缝。下面分别介绍3种变形缝的设置条件。

1)伸缩缝

各种材料一般都有热胀冷缩的性质，建筑材料也不例外。当建筑物所处的环境温度发生变化时，特别是当建筑物的规模和平面尺寸过大、建筑平面变化较多或结构类型变化较大时，其由于热胀冷缩性质引起的绝对变形量会非常大。由于建筑各构件之间的相互约束作用，会引起结构产生附加应力，当这种附加应力值超过建筑结构材料的极限强度值时，结构就会出现裂缝或更严重的破坏，如墙体或楼盖、屋盖开裂，结构表面的装修层破裂，门窗洞口变形引起门窗开启受限制，屋顶防水层断裂、漏水等。为了避免出现这种现象而设置的变形缝称为伸缩缝，也称为温度缝。

伸缩缝是从基础以上的墙体、楼板层、屋顶全部断开，基础部分因受温度变化影响较小，不需断开。伸缩缝的宽度一般为20~40 mm。

伸缩缝的最大间距，应根据不同材料的结构而定。砌体房屋伸缩缝的最大间距参见表3.6，混凝土结构伸缩缝的最大间距参见表3.7。

表3.6 砌体房屋伸缩缝的最大间距

屋盖或楼盖类别		间距(m)
整体式或装配整体式钢筋混凝土结构	有保温层或隔热层的屋盖、楼盖	50
	无保温层或隔热层的屋盖	40
装配式无檩体系钢筋混凝土结构	有保温层或隔热层的屋盖、楼盖	60
	无保温层或隔热层的屋盖	50
装配式有檩体系钢筋混凝土结构	有保温层或隔热层的屋盖	75
	无保温层或隔热层的屋盖	60
瓦材屋盖、木屋盖或楼盖、轻钢屋盖		100

表3.7　混凝土结构伸缩缝最大间距　　　　单位:m

结构类别		室内或土中	露　天
排架结构	装配式	100	70
框架结构	装配式	75	50
	现浇式	55	35
剪力墙结构	装配式	65	40
	现浇式	45	30
挡土墙、地下室墙壁等类结构	装配式	40	30
	现浇式	30	20

阅读理解

从表3.6和表3.7中可以看出,各种类型建筑物设置伸缩缝的限制条件有很大的差别,小到平面尺寸超过20 m就应设缝,大到平面尺寸达到100 m时才要设缝。造成这种差别的原因:首先是结构材料的不同,其材料的伸缩率以及材料的极限强度(主要是抗拉极限强度)也就不同,如砖、石、混凝土砌块等形成的砌体与钢筋混凝土材料的差别,钢筋混凝土材料与木材的差别等;其次是结构构造整体程度上的差别,也会造成其抵抗由附加应力引起的变形能力上的差异,如现浇整体式结构对附加应力的敏感程度比预制装配式结构就大得多;再有就是建筑物的屋顶是否设有保温层或隔热层等,其结构系统对温度变化而引起的附加应力的敏感程度也会明显不同。理解形成设缝条件差别的原因,对掌握伸缩缝的设计原理和构造做法将十分有利。

2)沉降缝

地基土层在受到外界压力(如建筑物的竖向荷载)时会产生压缩变形,当外界压力的大小差别较大或地基土层的软硬程度不均匀、承载能力差别较大时,就会造成地基土层被压缩的程度上的差别,从而引起建筑物整体上的不均匀沉降,使建筑物的结构系统产生附加应力,致使某些薄弱部位被破坏。沉降缝就是为了避免出现这种后果而设置的一种变形缝。

沉降缝将房屋从基础到屋顶全部构件断开,使两侧各为独立的单元,可以垂直自由沉降。沉降缝的宽度与地基情况有关,地基很弱的沉降缝宽度一般为30～70 mm,较弱地基上的建筑物其沉降缝宽度可适当增加。

如图3.46所示,凡是遇到下列情况的,均应考虑设置沉降缝:

①当建筑物建造在不同地基上,且难以保证不出现不均匀沉降时。

②当建筑物各部分相邻基础的形式、基础宽度及其埋置深度相差较大,造成基础底部压力有很大差异,易形成不均匀沉降时。

③同一建筑物相邻部分的高度相差较大或荷载大小相差悬殊或结构形式截然不同,易导致不均匀沉降时。

④建筑物体形比较复杂,连接部位又比较薄弱时。

⑤新建建筑物与原有建筑物紧相毗连时。

⑥平面形状复杂的建筑物转角处。

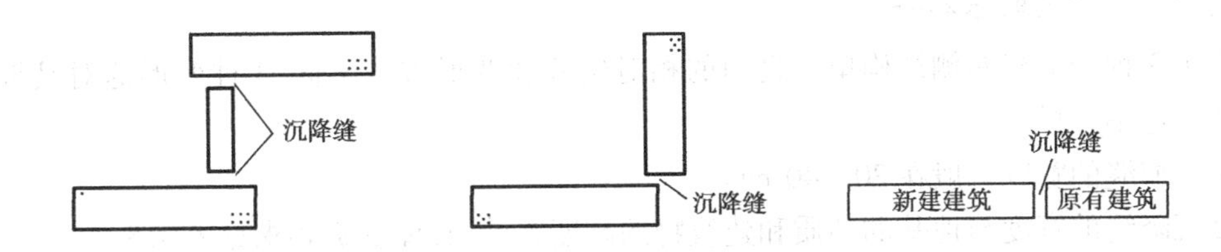

图 3.46 沉降缝的设置位置示意

3) 防震缝

在抗震设防地区,当建筑物体形比较复杂或建筑物各部分的结构刚度、高度以及竖向荷载相差较悬殊时,为了防止建筑物各部分在地震时由于整体刚度不同、变形差异过大而引起相互牵拉和撞击破坏,应在变形敏感部位设置变形缝,将建筑物分割成若干规整的结构单元,每个单元的体形规则、平面规整、结构体系单一,以防止在地震作用下建筑物各部分相互挤压、拉伸,造成破坏。这种变形缝就称为防震缝。一般情况下防震缝仅在基础以上设置。对于多层砌体房屋的结构体系来说,在设计烈度为 8 度和 9 度且有下列情况之一时,宜设置防震缝,缝两侧均应设置墙体:

①房屋立面高差在 6 m 以上时;

②房屋有错层,且楼板错开高差较大时;

③各部分结构刚度、质量截然不同时。

阅读理解

以上 3 种变形缝的设置,解决了建筑物由于受温度变化、地基不均匀沉降以及地震作用的影响而可能造成的各种破坏。但是,由于变形缝的构造复杂,也给建筑物的设计和施工带来了一定的难度。因此,设置变形缝不是解决此类问题的唯一办法,可以通过加强建筑物的整体性和整体刚度来抵抗各种因素引起的附加应力的破坏作用,也可通过改变引起结构附加应力影响因素的状态方式达到同样目的。例如:可以采用附加应力钢筋加强建筑物的整体性,来抵抗可能产生的温度应力,使之少设或不设伸缩缝;在工程设计时,应尽可能通过合理的选址、地基处理、建筑物体形的优化、结构类型的选择和计算方法的调整以及施工程序上的配合(如高层建筑与裙房之间采用钢筋混凝土后浇带的办法),来避免或克服不均匀沉降,从而达到不设或尽量少设沉降缝的目的;对于多层和高层钢筋混凝土房屋来说,宜通过选用合理的建筑结构方案而不设防震缝。总之,变形缝的设置与否,应综合分析各种影响因素,根据不同情况区别对待。

3.6.2 变形缝的构造

变形缝的设置,实际上是将一个建筑物从结构上划分成两个或两个以上的独立单元。但是,从建筑的角度来看,它们仍然是一个整体。为了防止风、雨、冷热空气、灰尘等侵入室内,影响建筑物的正常使用和耐久性,同时也为了建筑物的美观,必须对变形缝处予以覆盖和装修。这些覆盖和装修,必须保证其在充分发挥自身功能的同时,使变形缝两侧结构单元的水平或竖向相对位移和变形不受限制。

1)变形缝构造的基本要求

由于3种变形缝两侧结构单元之间的相对位移和变形方式不同,3种变形缝对其缝隙宽度的要求也不一样。

①伸缩缝的宽度一般在20~40 mm。

②沉降缝的宽度与地基的性质和建筑物的高度有关,具体缝宽要求见表3.8。

③防震缝的宽度应根据建筑物的高度和抗震设计烈度来确定。在多层砌体房屋的结构体系中,防震缝的缝宽可采用50~100 mm。在钢筋混凝土房屋的结构体系中,防震缝的缝宽应符合下列要求。

a.框架房屋和框架—剪力墙房屋,当高度不超过15 m时,可采用70 mm。当高度超过15 m时,按如下不同设防烈度增加缝宽:

- 6度地区,每增加高度5 m,缝宽宜增加20 mm;
- 7度地区,每增加高度4 m,缝宽宜增加20 mm;
- 8度地区,每增加高度3 m,缝宽宜增加20 mm;
- 9度地区,每增加高度2 m,缝宽宜增加20 mm。

b.剪力墙房屋的防震缝宽度,可采用框架房屋和框架-剪力墙房屋防震缝宽度数值的70%。

表3.8 沉降缝的宽度

地基性质	房屋高度(H)或层数	缝宽(mm)
一般地基	$H<5$ m $H=5\sim10$ m $H=10\sim15$ m	30 50 70
软弱地基	2~3层 4~5层 ≥6层	50~80 80~120 >120
湿陷性黄土地基		≥30~70

注:沉降缝两侧结构单元层数不同时,其缝宽按高层部分的高度确定。

2)变形缝的结构处理

变形缝是将一个建筑物从结构上断开,但由于3种变形缝两侧结构单元之间的相对位移和变形方式不同,3种变形缝的结构处理是有一些差异的。

(1)伸缩缝的结构处理　伸缩缝要求将建筑物的墙体、楼层、屋顶等地面以上的结构构件全部断开,但基础部分因受温度变化影响较小,不必断开。这样做可保证伸缩缝两侧的建筑构件能在水平方向自由伸缩。

在砌体结构中,墙和楼板及屋顶结构布置时,在伸缩缝处可采用单墙方案,也可以采用双墙方案,如图3.47(a)所示。

在框架结构中,伸缩缝处的结构一般可采用悬臂梁方案,如图3.47(b)所示;也可以采用双梁双柱方案,如图3.47(c)所示。

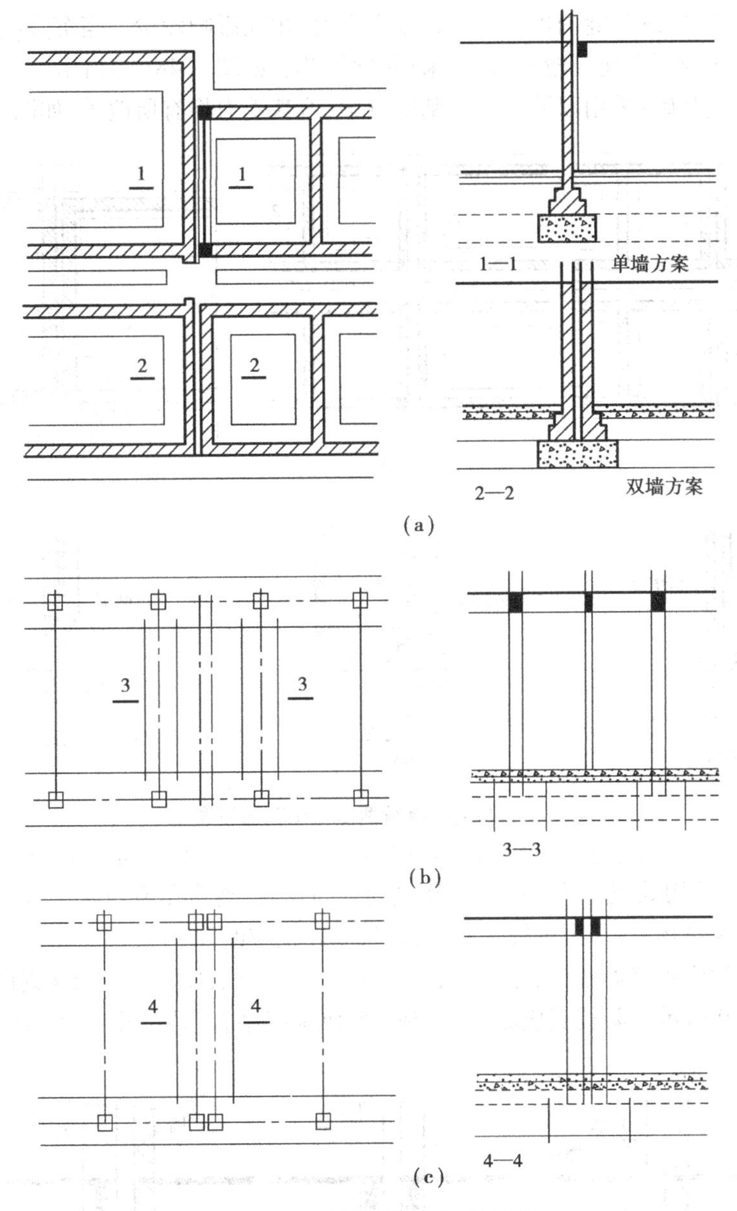

图3.47　伸缩缝两侧结构布置

(a)承重墙方案;(b)框架悬臂梁方案;(c)框架双柱方案

(2)沉降缝的结构处理　沉降缝与伸缩缝最大的区别在于伸缩缝只需保证建筑物在水平方向的自由伸缩变形,而沉降缝主要应满足建筑物各部分在垂直方向的自由沉降变形,故应将建筑物从基础到屋顶全部断开。同时,沉降缝也应兼顾伸缩缝的作用,故应在构造设计时满足伸缩和沉降的双重要求。

基础沉降缝应避免因不均匀沉降造成的相互干扰。常见的砖墙条形基础处理方法有双墙偏心基础、挑梁基础和交叉式基础3种方案。

①双墙偏心基础:整体刚度大,但基础偏心受力,并在沉降时产生一定的挤压力,如图3.48(a)所示。

②挑梁基础:能使沉降缝两侧基础分开较大距离,相互影响较少。当沉降缝两侧基础埋深相差较大或新建筑与原有建筑毗连时,宜采用挑梁方案,如图3.48(b)所示。

③双墙交叉式基础:采用双墙交叉式基础方案,地基受力将有所改善,如图3.48(c)所示。

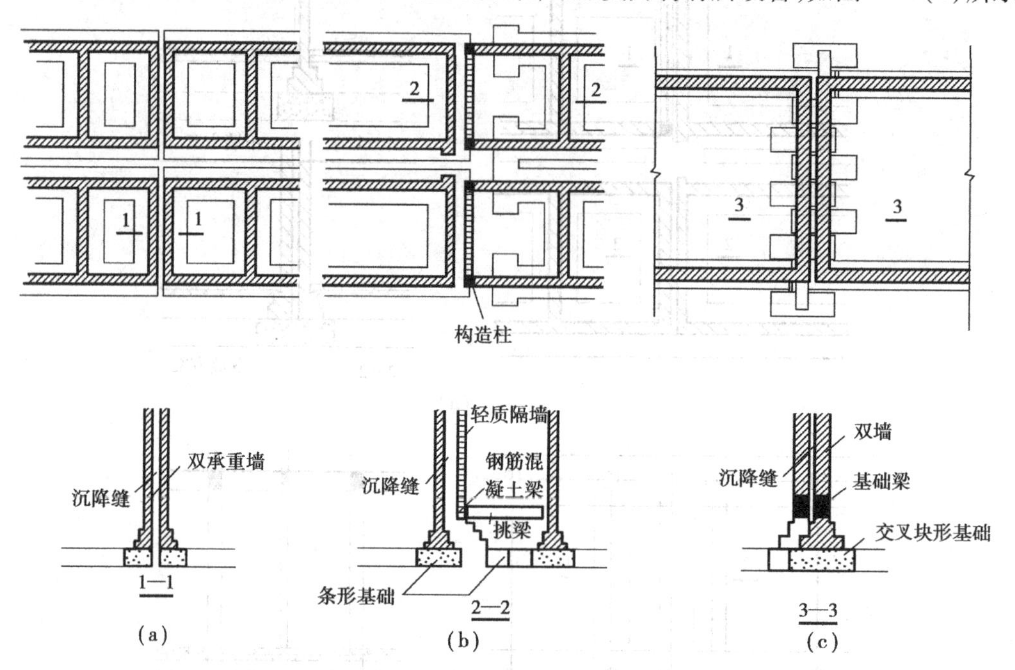

图3.48 基础沉降缝两侧结构布置示意图

(a)双墙方案沉降缝;(b)悬挑基础方案沉降缝;(c)双墙基础交叉排列方案沉降缝

(3)防震缝的结构处理　防震缝应沿建筑物全高设置,通常基础可不断开,但对于平面形状和体形复杂的建筑物,或与沉降缝合并设置时,基础也应断开。

防震缝的两侧应布置墙或柱,形成双墙、双柱或一墙一柱,使各部分结构封闭,以提高其整体刚度,如图3.49所示。防震缝应尽量与伸缩缝、沉降缝结合布置,并应同时满足3种变形缝的设计要求。

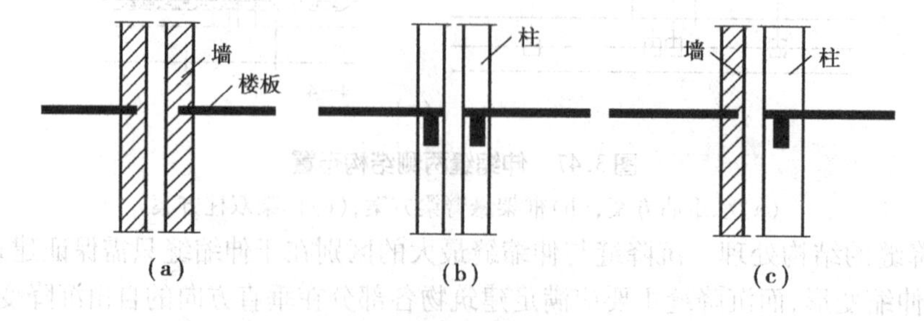

图3.49 防震缝两侧结构布置

(a)双墙方案;(b)双柱方案;(c)一墙一柱方案

3.6.3 变形缝的缝口形式及盖缝构造

为了防止外界自然条件对建筑物室内环境的侵袭,避免因设置了变形缝而出现房屋的保

温、隔热、防水、隔声等基本功能降低的现象，也为了变形缝处的外形美观，应采用合理的缝口形式，并做盖缝和其他一些必要的缝口处理。

在选择变形缝盖缝材料时，应注意根据室内、外环境条件的不同以及使用要求区别对待。

建筑物外侧表面的盖缝处理（如外墙外表面、屋面）必须考虑防水要求，因此，盖缝材料必须具有良好的防水能力，一般多采用镀锌铁皮、防水油膏等材料；建筑物内侧表面的盖缝处理（如墙内表面，楼、地面上表面以及楼板层下表面）则更多地考虑满足适用性、舒适性、美观性等方面的要求，因此，墙面及顶棚部位的盖缝材料多以木制盖缝板（条）、铝塑板、铝合金装饰板等为主，楼、地面处的盖缝材料则常采用各种石质板材、钢板、橡胶带、油膏等材料。

1）墙体变形缝的节点构造

（1）墙体伸缩缝构造　墙体伸缩缝一般可做平缝、错口缝和企口缝等形式，如图 3.50 所示。缝口形式主要根据墙体材料、厚度以及施工条件而定。

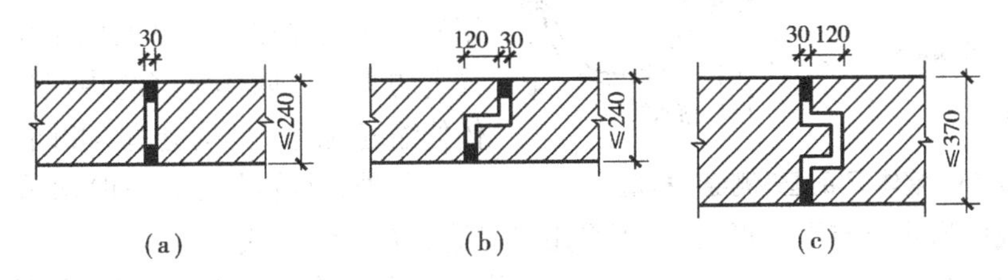

图 3.50　砖墙伸缩缝缝口截面形式

(a)平缝；(b)错口缝；(c)企口缝

为避免外界自然因素对室内的影响，外墙外侧缝口应填塞或覆盖具有防水、保温和防腐性能的弹性材料，如沥青麻丝、泡沫塑料条、橡胶条、油膏等。当缝口较宽时，还应采用镀锌铁皮、铝片等金属调节片覆盖。如墙面做抹灰处理时，为防止抹灰脱落，应在金属片上加钉钢丝网后再抹灰。填缝或盖缝材料及其盖缝构造应保证伸缩缝两侧的结构在水平方向自由伸缩，如图 3.51 所示。

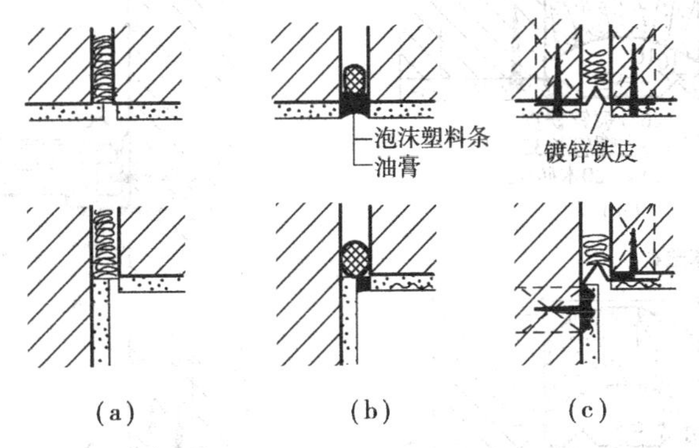

图 3.51　外墙外侧伸缩缝缝口构造

(a)沥青麻丝塞缝；(b)油膏嵌缝；(c)金属片盖缝

外墙内侧及内墙缝口通常用具有一定装饰效果的木质盖缝（板）条遮盖，木板（条）固定在缝口的一侧，也可采用铝塑板或铝合金装饰板做盖缝处理，如图 3.52 所示。

（2）墙体沉降缝构造　沉降缝一般兼起伸缩缝的作用。墙体沉降缝构造与伸缩缝构造基本

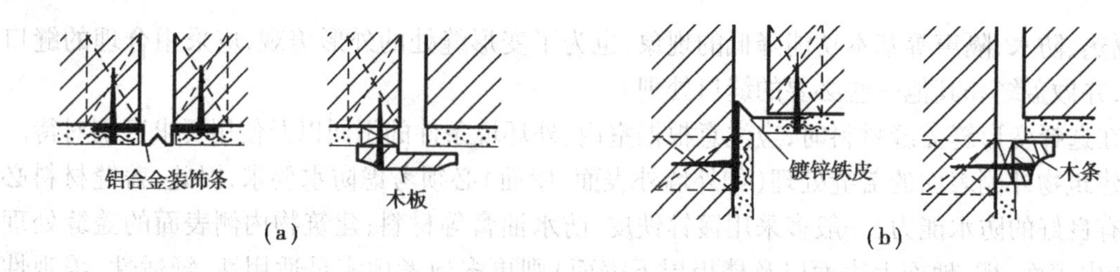

图3.52　外墙内侧及内墙伸缩缝缝口构造

(a)平直墙体；(b)转角墙体

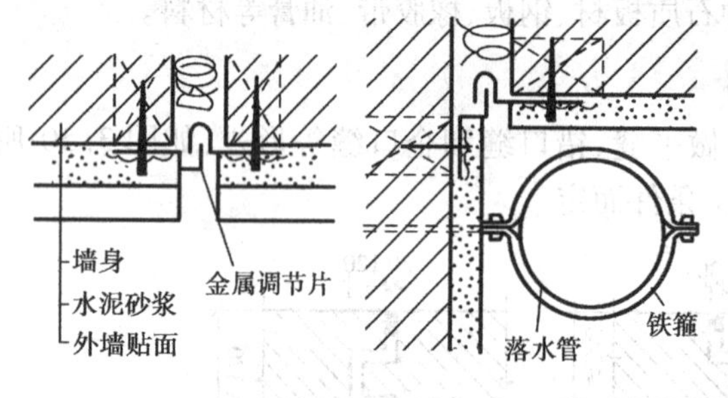

图3.53　墙体沉降缝外侧缝口构造

相同，只是金属调节片或盖缝板在构造上应能保证两侧结构在竖向的相对变形不受约束。墙体沉降缝外缝口构造如图3.53所示，应注意其盖缝用的金属调节片与伸缩缝缝口处盖缝用的镀锌铁皮在适应缝两侧结构自由变位方式上的不同。墙体沉降缝内缝口的构造与墙体伸缩缝内缝口的构造基本相同。

另外，沉降缝两侧一般均采用双墙处理方式，缝口截面形式只有平缝形式，而不采用错口缝和企口缝形式。

(3)墙体防震缝构造　墙体防震缝构造与伸缩缝和沉降缝构造基本相同，只是防震缝一般较宽，构造上更应注意盖缝的牢固、防风、防水等措施，且不应做成错口缝或企口缝的缝口形式。外缝口一般用镀锌铁皮覆盖，且应注意其与沉降缝盖缝镀锌铁皮在形式上的不同，如图3.54所示；内缝口常用木质盖缝板遮盖，如图3.55所示。寒冷地区的墙体防震缝缝口内尚需用具有弹性的软质聚氯乙烯泡沫塑料、聚苯乙烯泡沫塑料等保温材料填嵌。

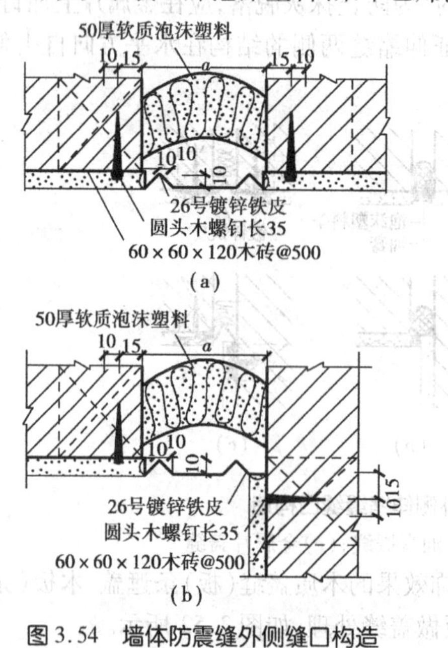

图3.54　墙体防震缝外侧缝口构造

(a)外墙平缝处；(b)外墙转角处

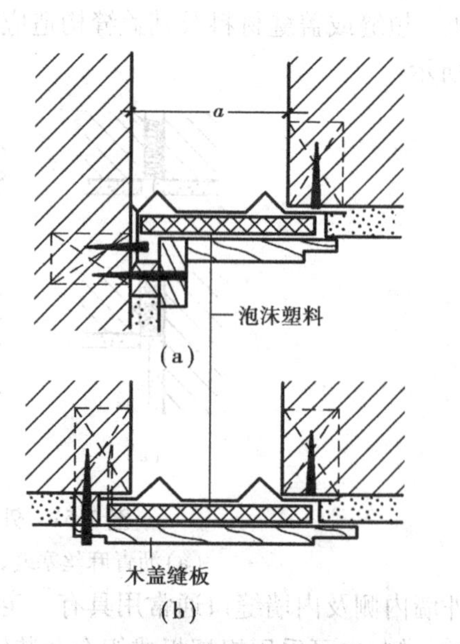

图3.55　墙体防震缝内侧缝口构造

(a)内墙转角；(b)内墙平缝

2)楼地面变形缝的节点构造

楼地面变形缝的位置与缝宽应与墙体变形缝一致。变形缝缝口内通常用具有弹性的油膏(兼有防潮、防水作用)、沥青麻丝、金属或塑料调节片等材料做填缝或盖缝处理,上表面铺以活动盖板,活动盖板的材料常采用与地面材料相同的板材(如水磨石板、大理石板等),也有采用橡胶带或铁板的。楼地层变形缝的节点构造如图3.56所示。

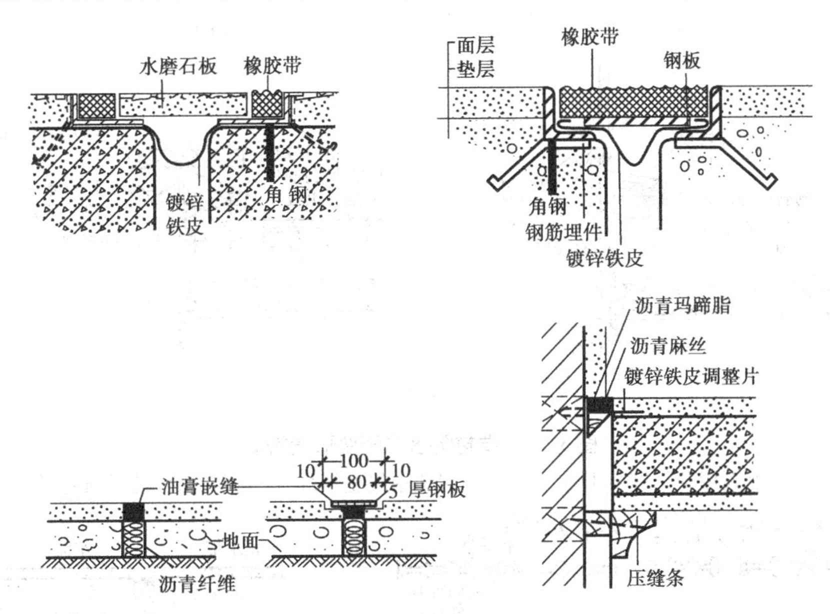

图3.56 楼地面变形缝构造

3)屋顶变形缝的节点构造

屋顶变形缝的位置和缝宽应与墙体、楼地层的变形缝一致。缝内用沥青麻丝、金属调节片等材料填缝和盖缝。不上人屋顶通常在缝的两侧加砌矮墙,按屋面泛水构造要求将防水层材料沿矮墙做至矮墙顶部,然后用镀锌铁皮、铝片或钢筋混凝土板等在矮墙顶部变形缝处覆盖。屋顶变形缝盖缝应在保证变形缝两侧结构自由伸缩或沉降变形的同时而不造成屋顶渗漏雨水。寒冷地区在变形缝缝口处应填以岩棉、泡沫塑料或沥青麻丝等具有一定弹性的保温材料。上人屋顶因使用要求,一般不设置矮墙,变形缝缝口处一般采用防水油膏填嵌,以防雨水渗漏并适应缝两侧结构变形的需要。屋顶变形缝的节点构造如图3.57所示。

4)地下室变形缝的节点构造

当建筑物的地下室出现变形缝时,为使变形缝缝口处能保持良好的防水性,必须做好地下室墙体及底板的防水构造。具体的防水构造措施是在地下室结构施工时,在变形缝处预埋止水带。止水带有橡胶止水带、塑料止水带及金属止水带等,其构造做法有内埋式和可卸式两种。地下室变形缝构造如图3.58所示。

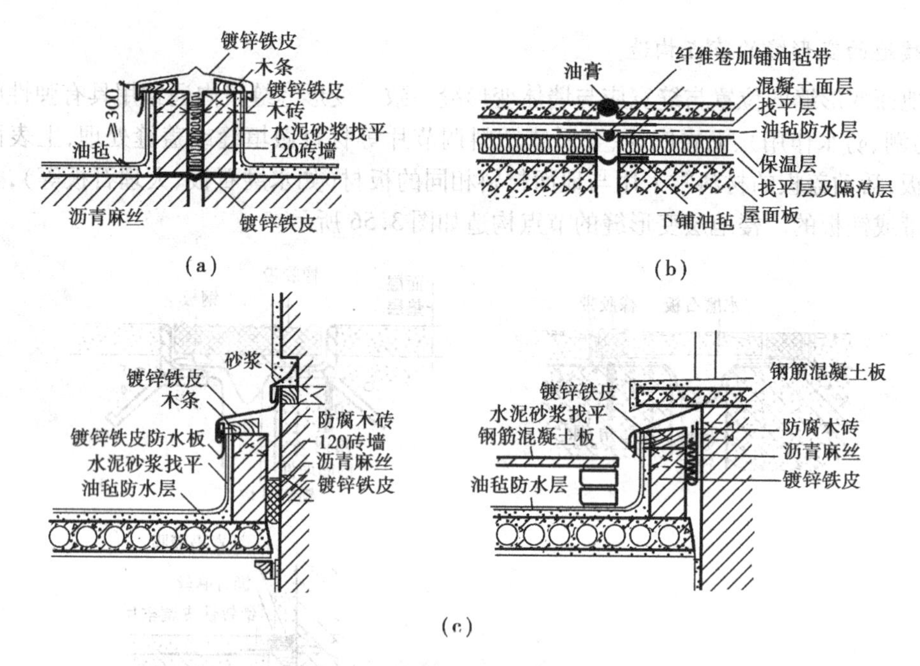

图 3.57　卷材防水屋面变形缝构造

(a)不上人屋顶平接变形缝；(b)上人屋顶平接变形缝；(c)高低错落处屋顶变形缝

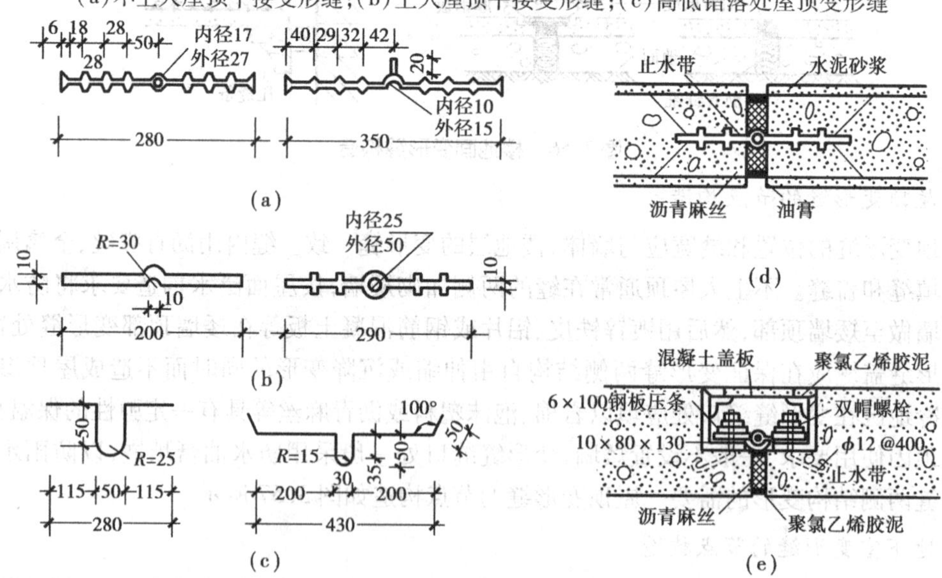

图 3.58　地下室变形缝构造

(a)塑料止水带；(b)橡胶止水带；(c)金属止水带；(d)内埋式；(e)可卸式

练习作业

1. 变形缝有哪些类型？分别从什么地方开始断开？
2. 墙体变形缝的节点如何进行构造？

学习鉴定

1. 填空题

(1)普通粘土砖的长×宽×厚是____________,标准灰缝的厚度是__________mm。

(2)常用的砌筑砂浆分____________、____________、____________3种。

(3)除去抹灰,一砖墙的实际厚度为________________mm,半砖墙的实际厚度为____________mm。

(4)门窗过梁的种类主要有____________、____________、____________。

(5)隔墙按其材料和构造方式主要可分为________隔墙、________隔墙、________隔墙。

2. 单选题

(1)横墙承重方案适用于房间(　　)的建筑。

A. 进深尺寸不大　　B. 是大空间　　C. 开间尺寸不大　　D. 开间大小变化较多

(2)寒冷地区建筑的钢筋混凝土过梁断面常采用L形,主要目的是(　　)。

A. 增加建筑美观　　B. 增加过梁强度　　C. 减少冷桥　　D. 减少混凝土用量

(3)下列关于圈梁作用的说法,哪一条有误?(　　)

A. 加强房屋的整体性　　B. 提高墙体的承载力

C. 增加墙体的稳定性　　D. 减少由于地基的不均匀沉降而引起的墙体开裂

(4)为防止保温墙体产生内部冷凝常设置一道隔气层,其位置在(　　)。

A. 墙体高温一侧　　B. 墙体低温一侧

C. 墙体保温层靠高温一侧　　D. 与保温层位置无关

(5)砖混结构建筑中应在(　　)设置圈梁。

A. 外墙四周　　B. 部分外墙与内墙　　C. 外墙和部分内墙　　D. 全部内墙

(6)下列条件中哪一项不是确定建筑物散水宽度的主要因素?(　　)

A. 土壤性质、气候条件　　B. 建筑物的高度

C. 屋面排水方式　　D. 基础伸出墙外的宽度

(7)当门窗洞口大于等于2 m时,须采用的过梁形式为(　　)。

A. 钢筋砖过梁　　B. 钢筋混凝土过梁　　C. 平拱砖过梁　　D. 弧拱砖过梁

(8)下列关于构造柱作用的说法,哪一条有误?(　　)

A. 加强房屋的整体性　　B. 提高墙体的承载力

C. 增加墙体的稳定性　　D. 有利于建筑抗震

(9)抹灰层由底层、中间层、面层组成,中间层的作用是(　　)。

A. 粘结　　B. 找平　　C. 装饰　　D. 保护

(10)关于装饰抹灰的作用,下列所述错误的是(　　)。

A. 保护建筑结构　　B. 美化建筑环境

C. 改善建筑使用功能　　D. 降低建筑造价

3. 问答题

(1)复合墙的特点是什么？复合墙有哪些做法？

(2)墙身垂直防潮层的位置应如何确定？其做法有哪些？

(3)各种门窗过梁都适用于什么情况？钢筋混凝土过梁的截面为什么有矩形和L形两种？

(4)试述窗台的作用和构造要点。

(5)圈梁的作用是什么？设置圈梁的原则是什么？当圈梁被门窗洞口截断时，如何处理？

(6)隔墙有哪些种类？

(7)墙面装修的作用是什么？简述墙面装修的分类及各自的做法和特点。

(8)建筑变形缝有哪些类型？它们设置的原因和具体的条件各是什么？

教学评估

见本书附录或光盘。

4 楼板与地面

本章内容简介

楼地面的组成、要求、种类、构造、适用范围

楼板层的组成、楼板的种类与要求

装配式、整体式钢筋混凝土楼板的形式与构造

顶棚的功能、种类、构造、材料做法

雨篷与阳台的构造特点与类型

本章教学目标

了解楼地面的层次、厚度、材料做法

掌握钢筋混凝土楼板的种类、选型、构造及材料做法

了解顶棚常用形式和材料做法

熟悉雨篷与阳台的结构属性和构造特点

4.1 地　面

问题引入

我们每天都行走在地面上，是否发现地面的类型有所不同？地面有哪些类型？它们又是怎样形成的呢？下面就带大家一起去认识地面。

4.1.1 地面的组成

底层地面的基本构造层次为面层、结构层（或垫层）和地基，如图4.1所示。地基的作用是承受面层传来的荷载，故地基也称基层。有特殊要求的地面，当基本层次不能满足使用要求时，要增设相应的附加层，如结合层、找平层、防水层、防潮层等。

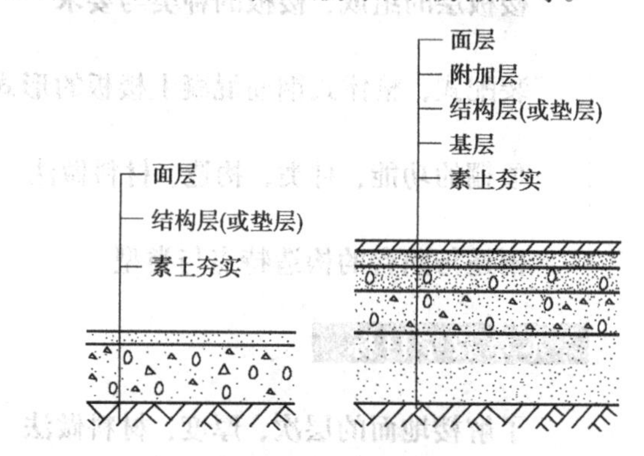

图4.1 地面的组成

1）面层

面层是人们使用时直接接触的地面层次，直接经受摩擦、洗刷和承受各种物理、化学作用的表面层。面层视其使用情况有不同的要求，应具有耐磨、不起尘、平整、防水、有弹性、吸热少等性能。面层可分为整体面层和块料面层两类，如水泥砂浆地面、水磨石地面等属于整体面层，陶瓷面砖、花岗石等地面属于块料面层。

2）垫层

垫层是指承受并均匀传递荷载给基层的构造层，分刚性垫层与柔性垫层两种。

（1）刚性垫层　刚性垫层是指用于地面要求较高及薄而脆的面层，如水磨石地面、瓷砖地面、大理石地面等。刚性垫层有足够的整体刚度，受力后变形很小。常采用低强度素混凝土或碎砖三合土，厚度为50～100 mm。

（2）柔性垫层　柔性垫层是指用于厚而不易断裂的面层，如混凝土地面、水泥制品块地面

等。柔性垫层整体刚度很小,受力后易产生塑性变形。常用 50～100 mm 厚的砂垫层、50～70 mm厚的石灰炉渣层等。

对特殊要求的地面,可在地基上先做柔性垫层,再做1层刚性垫层,即复式垫层。

3)基层

地面的基层是指填土夯实层。对于较好的填土,如砂质粘土,只要夯实即可满足要求。当填土较差时,可掺碎砖、石子等骨料夯实。一般要求填土夯实层的地耐力不少于 0.1 N/mm^2。

4)其他附加构造层

①结合层:指块料面层与下层的连接层,分胶凝材料与松散材料两大类。

②找平层:指在垫层、楼板或松散材料上起找平作用的构造层。

③防潮层:指防止地基潮气透过地面的构造层,应与墙身防潮层相连接。

④防水层:指防止地面上的液体渗透过地面的构造层,常见的有柔性防水层和刚性防水层2种。

⑤保温隔热层:指用以改变地面热工性能的构造层,用于上、下层有温差的楼层地面或保温地面。

⑥隔声层:指隔绝楼层地面撞击声的构造层。

观察思考

1. 地面为什么要采用多层构造形式?
2. 何为刚性垫层?试举例说明。

4.1.2 地面的类型

地面是人们在房屋中接触最多的部分,它的质量好坏对房屋的使用影响很大。因此,对地面的用料选材和构造要求必须重视。常用地面的基本构造见楼地面图集(中国建筑标准设计研究院出版),应根据使用要求,结合施工、经济等条件而选用。

通常地面分为以下4种类型。

①整体类地面:包括水泥砂浆、细石混凝土、水磨石等。

②镶铺类地面:包括陶瓷地砖、马赛克、石板、木地板等。

③粘贴类地面:包括各种地毡、地毯等。

④涂料类地面:包括各种高分子合成涂料形成的地面。

观察思考

根据所在地区的特点,观察当地最常用的地面有哪些?是怎样的做法?

练习作业

参照楼地面图集绘出下列地面构造的剖面图。

1. 现浇水磨石地面的一般构造做法。

2. 水泥砂浆地面的一般构造做法。

4.2 楼板层的组成与分类

问题引入

同学们都到过工地参观实习,请问你们看到的楼板层由哪几部分组成?楼板层有哪些类型。下面,就带大家一起认识楼板层的组成和分类。

观察思考

楼板层在建筑中有哪些重要作用?对它应有哪些要求?

楼板层是楼房中的水平分隔构件,它与墙体(竖向分隔构件)一起构成了建筑物中众多的可利用空间——房间。楼板既是水平承重构件,承受着自重和楼板层上的全部荷载,并将这些荷载传给墙或柱,同时楼板还对墙体起着水平支撑的作用,起到楼层间的隔声作用,有时也起到保温作用,故楼板层也有围护作用。

4.2.1 楼板层的组成

楼板层是由面层、结构层和顶棚 3 部分组成,如图 4.2 所示。由于各种建筑物的功能不同,可以根据需要在楼板层里设置附加层。如需加强防水时,可设防水层;为了美观而要掩盖设备管道,还可设管道敷设层等。附加层根据需要,有时和面层合二为一,有时又和吊顶合为一体。

1)面层

楼板层的面层厚度一般较薄,不能承受较大的荷载,必须做在坚固的楼板结构层上,使楼面荷载通过面层直接传给楼面结构层承受。由于面层直接与人、家具和设备接触,必须坚固耐磨,具有必要的隔热、防水、隔声等性能及光滑、平整、易清洁。

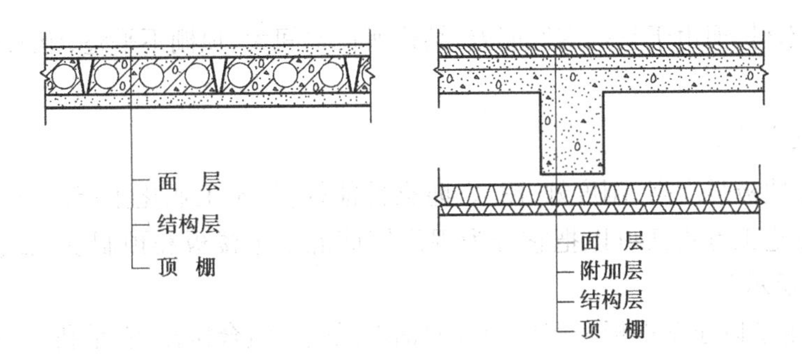

图4.2　楼面的组成

2)结构层

结构层又称为承重层,由梁、板等承重构件组成。它承受本身的自重及楼面上部的荷载,并把这些荷载通过墙或柱传给基础,同时对墙身起着水平支撑作用,以加强建筑物的整体性和稳定性。因此要求结构层具有足够的强度和刚度,以确保安全和正常使用。一般采用钢筋混凝土为结构层的材料。

3)顶棚

顶棚又称为天花板,在结构层的底部。根据不同建筑物的使用要求,可直接在楼板底面粉刷(抹灰或喷浆),也可以在楼板下部空间做吊顶。顶棚必须表面平整、光洁、美观,有一定的光照反射作用,有利于改善室内亮度。

楼板层根据其作用,需要满足多方面的要求:要有足够的强度、刚度和稳定性;要满足保温、隔热、隔声、防水和耐磨、易清洁的要求;要与建筑各部分设计协调,美观舒适、大方得体;应防火、防腐、耐酸碱;还应满足建筑经济的要求,选择经济合理的结构形式和构造方案等。

4.2.2　楼板的类型

根据所用材料的不同,楼板的类型主要有木楼板、砖拱楼板和钢筋混凝土楼板。

1)木楼板

木楼板自重轻、构造简单、表面温暖,但由于它不防火、耐久性差且耗用大量木材,目前已极少采用。

2)砖拱楼板

砖拱楼板是用普通粘土砖或拱壳砖砌成,如图4.3(a)所示。砖拱由墙或梁支撑,可以节

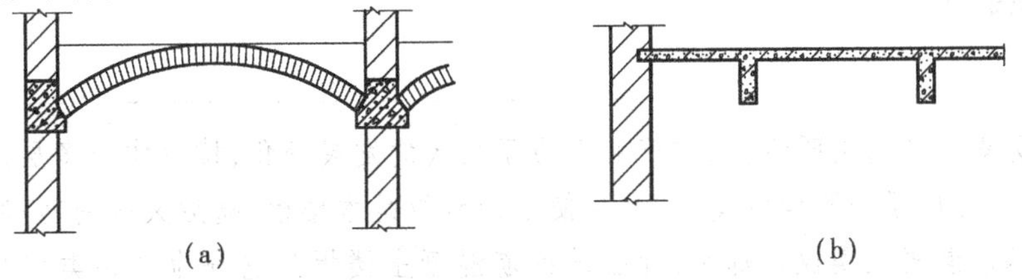

图4.3　楼板的种类

(a)砖拱楼板;(b)钢筋混凝土楼板(T形)

约钢材、水泥和木材，但由于它抗震性能差、结构所占空间大、顶棚不平整、施工复杂，目前也较少采用。

3）钢筋混凝土楼板

钢筋混凝土楼板强度高，刚度好，耐久、防火性能好，便于工业化生产，是目前应用最广泛的结构形式。按施工方式又可以把它分为现浇钢筋混凝土楼板和预制装配式钢筋混凝土楼板，如图4.3（b）所示。

近年来，出现了以压型钢板为底模的压型钢板混凝土组合楼板，它是利用凹凸相间的压型薄钢板做衬板与现浇混凝土浇筑在一起支承在钢梁上构成整体型楼板，主要由楼面层、组合板和钢梁3部分组成。这种楼板刚度大、整体性好、施工方便，但耗用钢材较多，主要用于钢框架结构的建筑中。

小组讨论

为什么钢筋混凝土楼板是目前应用最多的一种结构形式？

练习作业

1. 楼板层由哪几部分组成？各部分起什么作用？
2. 简述楼板的种类。

4.3 钢筋混凝土楼板

问题引入

我国是历史悠久的文明古国，建筑业经历了很大的发展变化，楼板作为多层房屋的重要组成部分，同样也经历了多阶段的变化，最早使用的楼板是木楼板，随后又采用砖拱楼板，目前应用最多的是钢筋混凝土楼板。那么，什么是钢筋混凝土楼板？它分为哪些类型？各种类型的钢筋混凝土楼板是如何构造而成的？下面就带大家一起去认识钢筋混凝土楼板。

钢筋混凝土楼板根据施工方式可分为现浇式、装配式以及装配整体式3种。

4.3.1 现浇钢筋混凝土楼板

现浇钢筋混凝土楼板一般用强度等级≥C20 混凝土，配 HPB235、HRB335 和冷轧带肋钢筋或冷轧扭钢筋，现场支模浇注而成。这种楼板具有坚固、耐久、成型自由、整体性强、抗震性能好、防水性好、预留孔洞或设置预埋件较方便等特点，但耗用模板多、湿作业多、施工周期长，且受施工季节影响较大，用在对防水、整体性要求高的部位。

现浇钢筋混凝土楼板按其结构布置方式，通常有板式楼板、梁板式楼板和无梁楼板等。

1）板式楼板

板式楼板是钢筋混凝土楼板的四周支承在墙上，多用于跨度较小的房间，如厨房、厕所和走廊等，如图 4.4 所示。

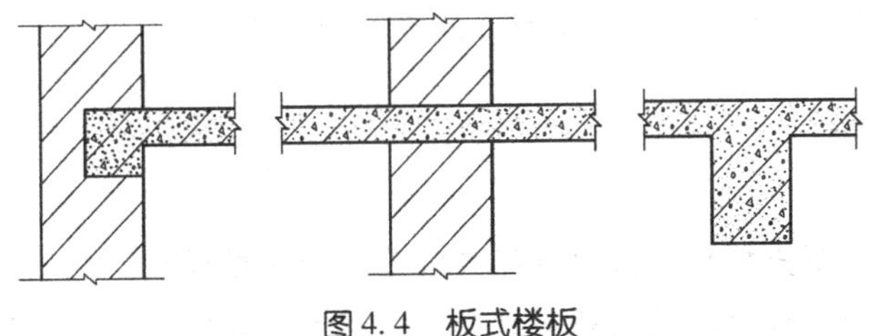

图 4.4　板式楼板

2）梁板式楼板

梁板式楼板由板、次梁、主梁组成。根据受力状况不同，有单向板肋梁楼板、双向板肋梁楼板。主梁支承在墙或柱上，次梁支承在主梁上，板支承在次梁上，适用于跨度和面积都比较大的房间，如图 4.5 所示。

当房间的面积较大，形状近似方形时，可采用井式楼板。井式楼板是梁板式楼板的一种特殊形式，如图 4.6 所示。这种楼板的特点是主梁与次梁的截面相等，即没有主、次梁之分。井式楼板可用于较大的无柱空间，如门厅、大厅、会议室等。

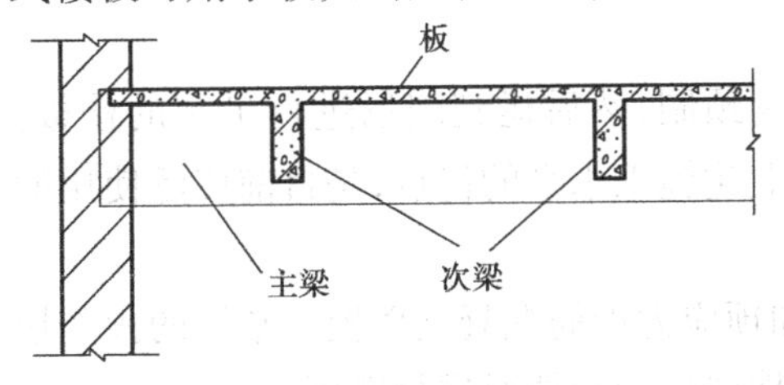

图 4.5　梁板式楼板

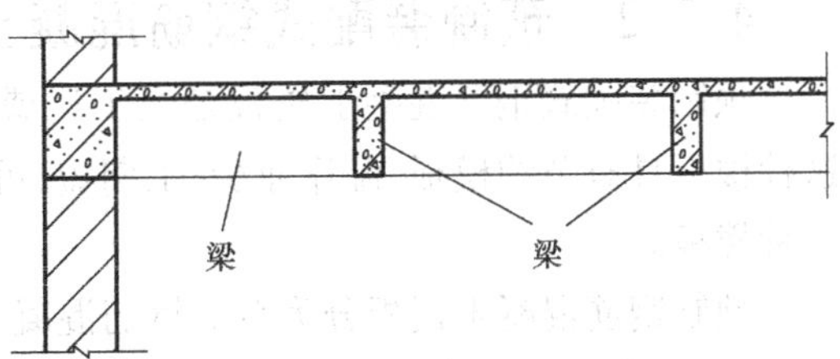

图 4.6　井式楼板

3）无梁楼板

无梁楼板是板直接支承在墙和柱上，不设梁的楼板，如图 4.7 所示。为增大柱的支承面积和减小板的跨度，可在柱顶加柱帽或柱托。无梁楼采用的柱网通常为正方形或接近正方形，这样较为经济。常用的柱网尺寸为 6 m 左右，板厚 170～190 mm。无梁楼板净空高度大，板底平整，

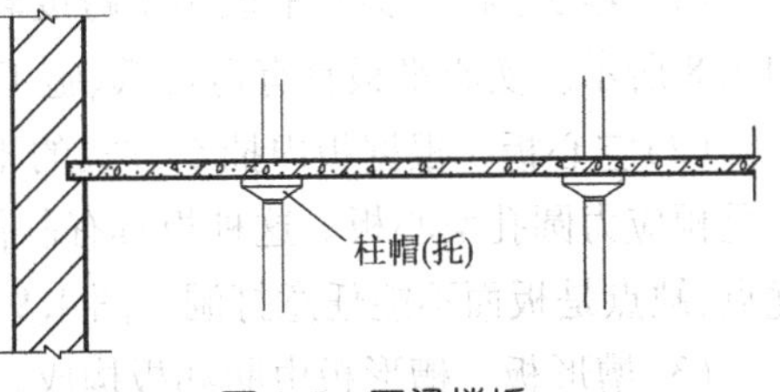

图 4.7　无梁楼板

施工方便,适用于商店、仓库等建筑中。

单向板和双向板

板有单向板和双向板之分,当板的长边与短边之比 >3 时,板基本上沿短边单方向承受荷载,这种板称为单向板。通常把单向板的受力钢筋沿短边方向布置。当板的长边与短边之比≤3 时,板在荷载作用下沿双向传递,在两个方向产生弯矩,称为双向板,受力筋沿两个方向布置。

小组讨论

如果房间的跨度较大,仍采用板式楼板合理吗?为什么?

练习作业

1. 何为现浇钢筋混凝土楼板?何为装配式钢筋混凝土楼板?
2. 现浇钢筋混凝土楼板装配式钢筋混凝土楼板各有什么优点和缺点?

4.3.2 预制装配式钢筋混凝土楼板

预制装配式钢筋混凝土楼板是在工厂或施工现场预制,然后运到现场进行吊装的楼板。这种楼板具有节约模板、湿作业少、工期短、可提高工业化施工水平的优点,是目前广泛使用的一种楼板。

预制钢筋混凝土楼板分为普通钢筋混凝土楼板和预应力钢筋混凝土楼板。常用的预制楼板,各地均有标准图集,可根据房间开间、进深尺寸和楼层的荷载情况进行选用。

1)预制板的种类

(1)实心平板　实心平板用于跨度较小的走廊、平台等部位,板直接支承在墙或梁上,如图 4.8 所示。实心平板具有造价低、施工方便的优点,但隔声效果差。

(2)空心板　根据板内抽空方式的不同有方孔、椭圆孔和圆孔空心板。目前使用最普遍的是预应力圆孔空心板。这种板具有制作方便、自重轻、隔热和隔声性能好、上下板面平整的优点,缺点是板面不能任意打洞。图 4.9 为一块空心楼板的示意图。

(3)槽形板　槽形板由肋和板构成,具有省材料、便于开洞等优点,但隔声效果差,用于厨房、卫生间、库房等处。

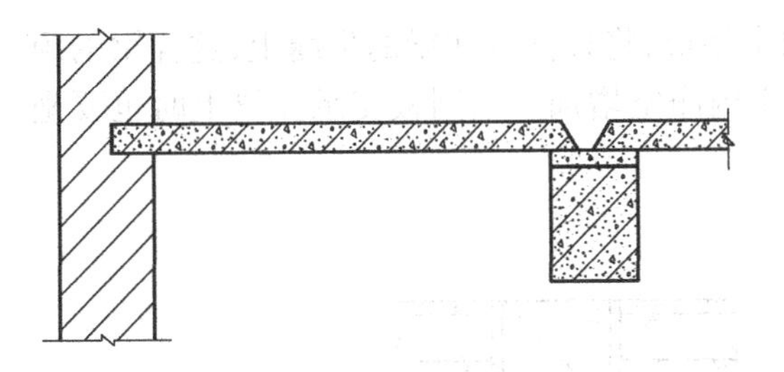

图 4.8 实心平板

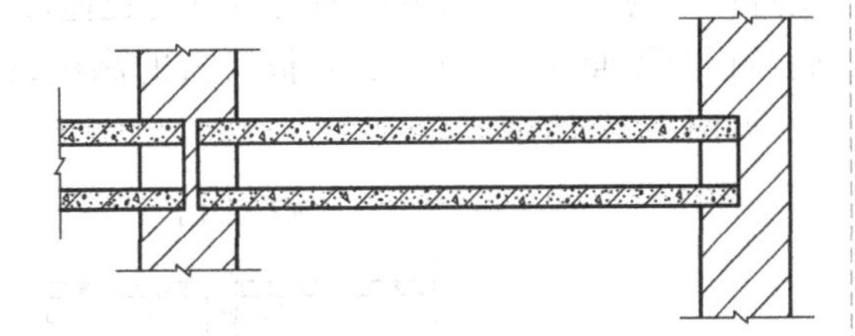

图 4.9 空心楼板

2)预制板的布置

布置预制板,首先应根据房间的开间和进深尺寸确定构件的支承方式,然后再根据预制板的规格合理安排,选择一种或几种板进行布置。预制板的支承方式有板式和梁板式两种。预制板直接搁置在墙上的称为板式结构,多用在横墙较密、开间和进深尺寸都较小的住宅、宿舍、办公楼等建筑,如图 4.10(a)所示;若预制板先搁置在梁上,梁再搁置到墙或柱上的称为梁板式结构,多用在开间和进深都较大的房间,如教学楼的教室、室验室等,如图 4.10(b)所示。在砖混结构的建筑物中,根据墙体承重方式可分为纵墙承重、横墙承重和纵横墙承重 3 种。

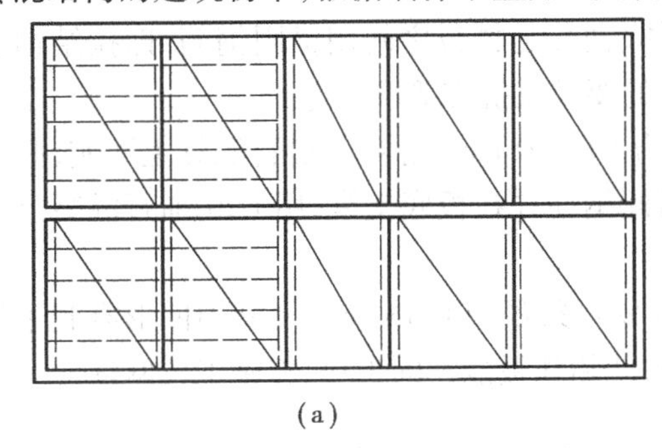

(a)

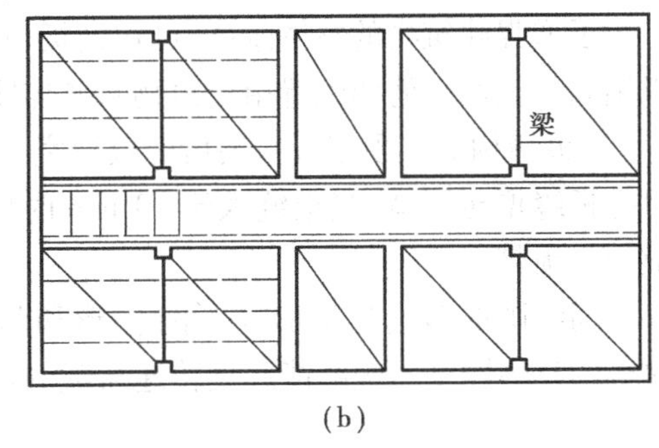

(b)

图 4.10 预制板的布置

(a)板式结构(横墙承重);(b)梁板式结构(纵横墙承重)

3)预制板的细部构造

(1)预制板与墙、梁的连接构造　预制板支承在墙上时,板的支承长度应不小于 100 mm。为保证预制板的平稳安放,使之与墙有可靠的连接,在墙上要用厚度不小于 10 mm 的水泥砂浆坐浆。在抗震设防的建筑物中,预制板应支承在圈梁上,如图 4.11 所示。

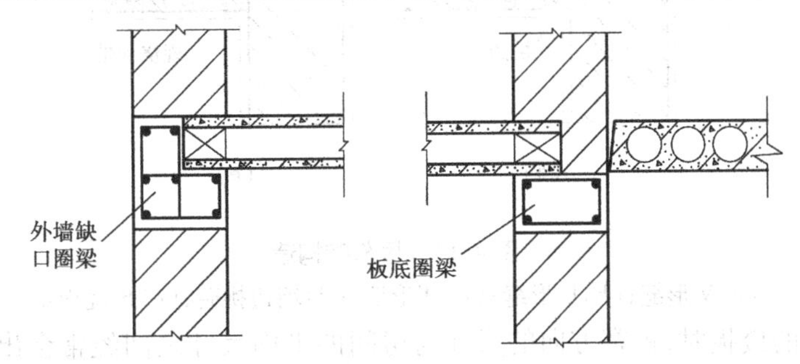

图 4.11 预制板与墙体、圈梁的连接

预制板支承在梁上时,板的支承长度应不小于 80 mm。梁的截面通常为矩形,预制板直接

搁置在梁的顶面上;梁的截面也可以是花篮形和十字形,将板搁置在梁的牛腿上,这样梁的顶面与板的顶面平齐,减少了梁板所占的高度,使室内净空增加。预制板支承在梁上时也要坐浆,如图4.12所示。

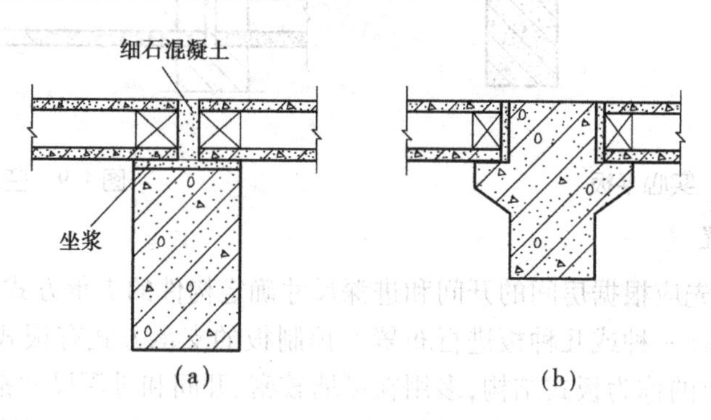

图4.12　预制板在梁上的搁置

(a)矩形梁;(b)花篮梁

预制板在吊装之前,孔的两端应用砖块和砂浆或混凝土预制块堵塞住。

为了增强建筑物的整体刚度,可在楼板与墙体、楼板与楼板之间用锚固钢筋,即拉结钢筋予以锚固。锚固钢筋的配置由建筑物对整体刚度的要求及抗震要求而定。

(2)板缝构造　预制板吊装后的板缝宽一般为10~20 mm,用C15细石混凝土灌实,必要时可把板缝增至更宽,当板缝大于40 mm时应另配钢筋并在板底支模,用C20细石混凝土浇灌成现浇板带。

板间缝隙的形式有V形、U(单齿)形和凹(双齿)形,如图4.13所示。其中凹形有利于加强楼板的整体刚度。板缝能起到传递荷载的作用,使相邻板能共同工作,但施工较麻烦。

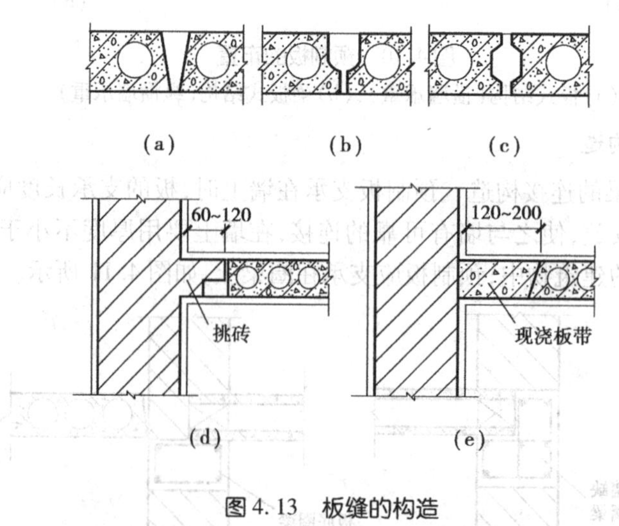

图4.13　板缝的构造

(a)V形缝;(b)U形缝;(c)凹形缝;(d)墙边挑砖;(e)现浇板带

在布置房间的楼板时,板宽方向的尺寸与房间的平面尺寸之间经常会出现小于一块板的宽度的缝隙,应根据缝隙大小分别采取相应的措施补缝,如图4.13所示。当缝宽超过200 mm时,需重新选择预制板的规格。

4)装配整体式钢筋混凝土楼板

装配整体式钢筋混凝土楼板适用于有振动荷载或有地震设防要求的地区。

装配整体式钢筋混凝土楼板常见的为叠合式的构造做法。所谓叠合式楼板就是在预制楼板安装好后,再在上面浇筑 30 ~ 50 mm 厚的钢筋混凝土面层;另一种做法是将预制板拉开 60 ~ 150 mm 距离,在 2 块板中间配置钢筋,再与钢筋混凝土面层同时浇筑。

观察思考

为什么要规定梁、板在墙上的最小支承长度?

练习作业

1. 绘制板式和梁板式(单梁式、复梁式)楼板的纵横剖面图。
2. 绘制空心板支承在外墙上的节点构造图。
3. 绘制空心板支承在内墙上的节点构造图。
4. 绘制现浇板带调节板缝的构造节点图。

4.4 顶棚构造

顶棚又称天花板,是楼板层下面的装饰层。顶棚的构造方法依房间使用要求不同,分为直接式顶棚和悬吊式顶棚两种类型。

为了满足人们的使用要求和视觉习惯,要求顶棚表面平整、光洁,用浅色粉刷以取得反射光,增加室内的照度。

4.4.1 直接式顶棚

直接式顶棚是指直接在楼板下做饰面层而形成的顶棚。这种顶棚构造简单、施工方便、造价较低,可以取得较高的室内净空,多用于大量性建筑工程中,用途较广,但常暴露出凸出的梁和水平管线,不利于美观。

直接式顶棚按所使用材料的不同,可分为直接喷刷涂料顶棚、抹灰顶棚、粘贴顶棚。

为在顶棚装修时取得较好的效果,直接式顶棚常用各式线角,如木制线角、金属线角、塑料线角及石膏线角来装饰顶棚。

4.4.2 悬吊式顶棚

悬吊式顶棚也称吊顶,是悬挂在屋顶或楼板下,由骨架和面板组成的顶棚。吊顶构造复杂,施工麻烦,造价较高,一般用于装修标准较高而楼板底部不平或楼板下面敷设管线的房间。

吊顶由龙骨和面板组成。龙骨用来固定面板并承受其质量,一般由主龙骨(又称主格栅)和次龙骨(又称次格栅)两部分组成。主龙骨通过吊筋与楼板相连,一般单向布置,吊筋用 $\phi4\sim\phi8$,吊筋中距为 1.2 ~ 1.5 m;次龙骨固定在主龙骨上。目前主龙骨多采用轻钢龙骨和铝合金龙骨,按其截面形状可分为 V 形、T 形、H 形龙骨。面板除了传统的胶合板、纤维板、刨花板等外,近年来新型板材不断涌现,如装饰石膏板、膨胀珍珠岩装饰吸声板、铝合金吊顶板、不锈钢吊顶板、埃特板等。面板可直接搁放在龙骨上,或用自攻螺钉固定在龙骨上。吊顶构造如图 4.14 所示。

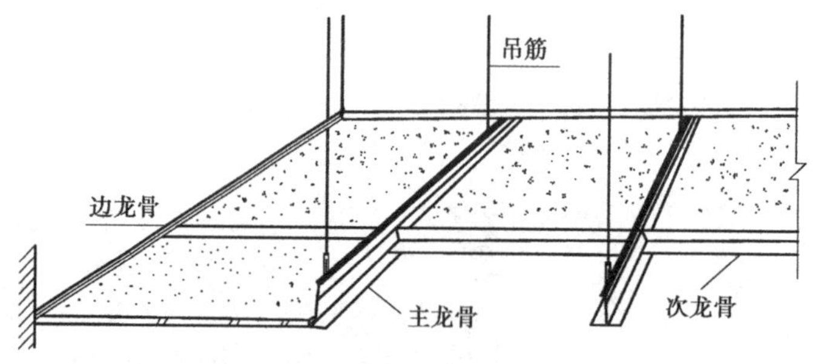

图 4.14 T 形轻金属龙骨吊顶构造

近年来,开敞式顶棚也较为流行,其表面不完全封闭,具有半遮半透的感觉,减少了吊顶的压抑感。

小组讨论

抹灰顶棚应怎样控制其平整度?

练习作业

简述直接抹灰顶棚的构造和吊顶的一般构造做法。

4.5 阳台与雨篷

问题引入

阳台是供人们室外活动的平台,设置阳台可以满足房屋的使用功能,改善楼房居民条件。那么,阳台有哪些类型呢?它是如何构造而成的?下面我们就来认识阳台。

观察思考

阳台可以满足哪些方面的功能?

4.5.1 阳台的构造

1)阳台的种类

阳台按与外墙的位置关系,可分为凸阳台、凹阳台和半凸半凹阳台;按在建筑平面的位置,可分为中间阳台和转角阳台;按施工方法,可分为现浇阳台和预制阳台;按立面形式,有敞开式阳台和封闭式阳台;按其用途,可分为生活阳台和服务阳台。阳台的类型如图4.15所示。

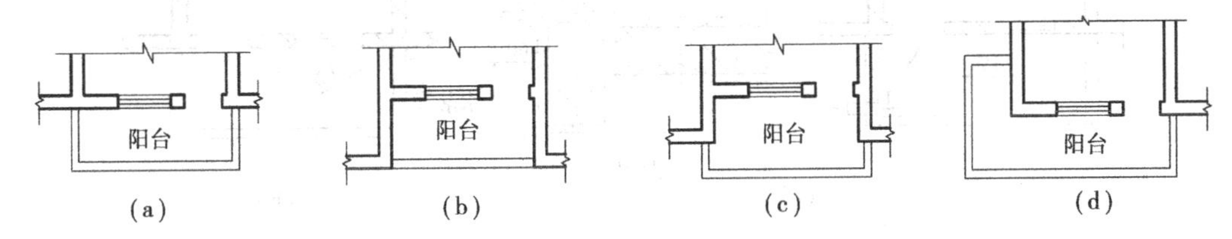

图4.15 阳台的类型

(a)凸阳台;(b)凹阳台;(c)半凸半凹阳台;(d)转角阳台

2)阳台的承重结构

阳台的承重结构形式主要有挑梁式、挑板式和墙承式3种。

(1)挑梁式 挑梁式是在阳台两端设置挑梁,在挑梁上搁板。这种方式构造简单、施工方便,是凸阳台中常见的结构形式,如图4.16(a)所示。

(2)挑板式 挑板式是利用预制板或现浇板悬挑出墙面而形成阳台板。这种方式的阳台板底平整、造型简单,但结构构造复杂及施工麻烦,适用于凸阳台,如图4.16(b)所示。

(3)墙承式 墙承式是将阳台板直接搁置在墙上,由于阳台板板型与尺寸和楼板一致,施工较方便,结构也简单,适用于凹阳台,如图 4.16(c)所示。

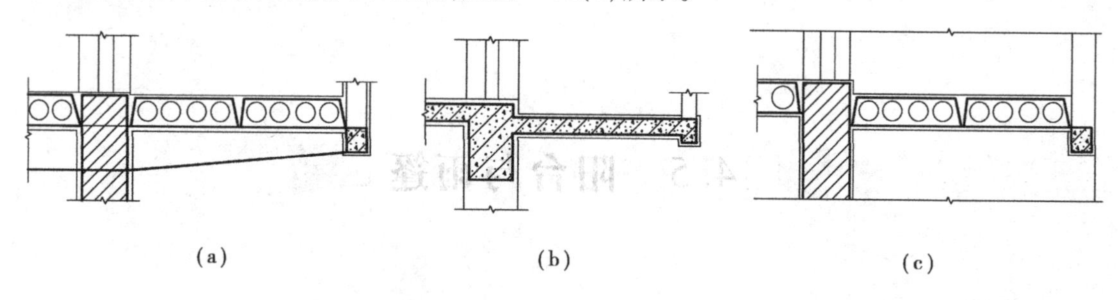

图 4.16　阳台承重结构的形式

(a)挑梁式;(b)挑板式;(c)墙承式

3)阳台的细部构造

(1)阳台的栏杆、栏板　栏杆、栏板是阳台的安全围护设施,既要求能够承受一定的侧压力,又要求有一定的装饰性。

栏杆、栏板的形式按其所用材料,可分为金属栏杆、混凝土栏板和砖砌栏板;按其形式,又可分为空心栏杆、实心栏板和混合栏杆 3 种。它们的高度不宜小于 1 100 mm,高层建筑不小于 1 200 mm。栏杆、栏板与阳台板、墙,扶手与栏杆都应有可靠的连接,常见的连接方法有预埋铁件焊接、预留孔洞插接和整体现浇等。

(2)阳台的排水　为防止雨水注入室内,要求阳台地面低于室内地面 20 ~ 60 mm,并在阳台一侧或两侧的栏杆下设排水孔,阳台面抹出 1% 的排水坡度,将水导向排水孔排除。排水孔内埋设 ϕ40 塑料管,管口水舌向外伸出不少于 600 mm,以防排水时溅到下层阳台上。如果屋顶雨水管靠近阳台时,阳台雨水也可排向雨水管,如图 4.17 所示。其中,图 4.17(a)的排水方法对环境有污染及干扰等缺点,有条件时尽量不采用。

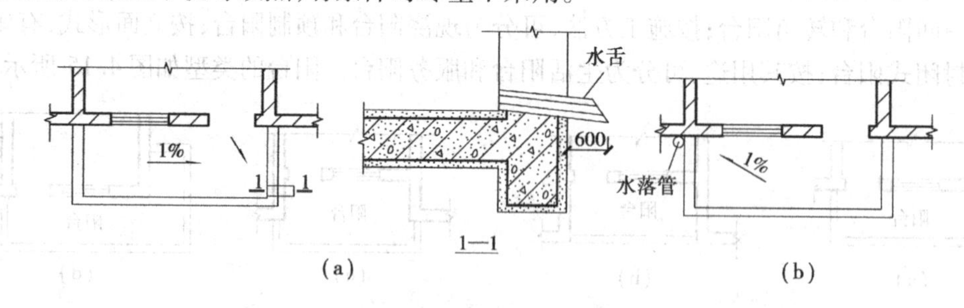

图 4.17　阳台排水处理

(a)排水管排水;(b)水落管排水

你家或所在学校的阳台属于哪种结构形式?

4.5.2　雨篷的构造

雨篷是设置在建筑物外墙出入口的上方,用以挡雨并有一定装饰作用的悬挑构件。目前

采用较多的雨篷有轻钢、钢结构雨篷和钢筋混凝土雨篷。钢筋混凝土雨篷一般由雨篷梁与雨篷板组成。悬挑长度一般为 1 000 ~1 500 mm。由于雨篷板不承受大的荷载,可以做得较薄,通常做成变截面形式,一般板根部厚度不小于 70 mm,板端部厚度不小于 50 mm。

雨篷在构造上需解决好两个问题:一是防止倾覆,保证雨篷梁上有足够压重;二是利于排水,为立面及排水的需要常在雨篷外沿做一向上的翻口。雨篷顶面应做好防水和排水处理。通常采用防水砂浆抹面,厚度一般为 20 mm,并应向上翻至墙面形成泛水,其高度不小于250 mm,同时还应沿着排水方向抹出排水坡,将雨水引向泄水管,如图 4. 18 所示。

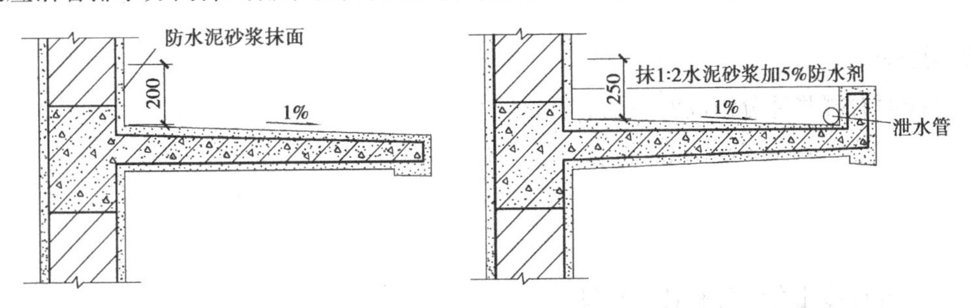

图 4. 18　雨篷构造

小组讨论

悬挑阳台、雨篷应怎样防止其倾覆?

练习作业

选两种不同栏杆、栏板和扶手的阳台,按构造做法,绘出剖面图。

学习鉴定

1. 填空题

(1)底层地面的基本构造层次为________、________和________。

(2)地面垫层分________和________两种。

(3)楼板层是由________、________和________ 3 部分组成,楼板除了起________作用

外,还对房屋起着________的作用。

(4)现浇钢筋混凝土楼板按其结构布置方式常用的有________、________和________。

(5)预制板直接搁置在砖墙或梁上时,均有足够的支承长度,支承在梁上时其搁置长度________;支承在墙上时其搁置长度________;并在________或________坐水泥砂浆,厚度为________,以保证平稳安放。

(6)顶棚的构造方法依房间使用要求不同,分为________和________两种。

2. 问答题

(1)地面有哪些部分组成?各层有什么作用?

(2)楼板有哪几类?各有什么优缺点?

(3)不同宽度板缝的处理措施有哪些?

(4)为什么钢筋混凝土楼板是目前应用最多的一种结构形式?

(5)阳台有哪几种类型?简述阳台的承重结构形式。

教学评估

见本书附录或光盘。

5 楼梯与电梯

本章内容简介

识别楼梯的分类方法

常用钢筋混凝土楼梯的构造做法及要求

电梯与自动扶梯简介

台阶和坡道的构造

本章教学目标

熟练掌握楼梯的分类和要求

掌握钢筋混凝土楼梯的构造

掌握常用楼梯类型的构造

了解台阶、坡道、电梯和自动扶梯的知识

熟悉钢筋混凝土楼梯的构造和做法

问题引入

当建筑物的内部有2层以上的房屋时,我们怎样到楼上?高层建筑物,我们难道要一层一层的爬楼梯吗?在人流量大的公共建筑中又采用什么办法呢?下面我们就来认识楼梯和电梯。

5.1 楼梯的分类和要求

5.1.1 楼梯的类型

楼梯的类型与楼梯的位置、用途、材料以及构造形式有关。常见的楼梯类型见表5.1。

表5.1 常见楼梯类型表

分类方式	楼梯类型			
按位置分	室内楼梯		室外楼梯	
按使用性质分	主要楼梯	辅助楼梯	疏散楼梯	消防楼梯
按材料分	木楼梯	钢筋混凝土楼梯 现浇	钢筋混凝土楼梯 预制	钢楼梯
按形式分	直跑式		转角式	
	双跑式		八角式	
	双合式		螺旋式	
	双分式		弧线形	

续表

分类方式	楼梯的类型			
按形式分	三跑式	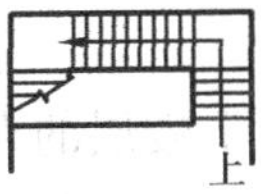	组合双跑式	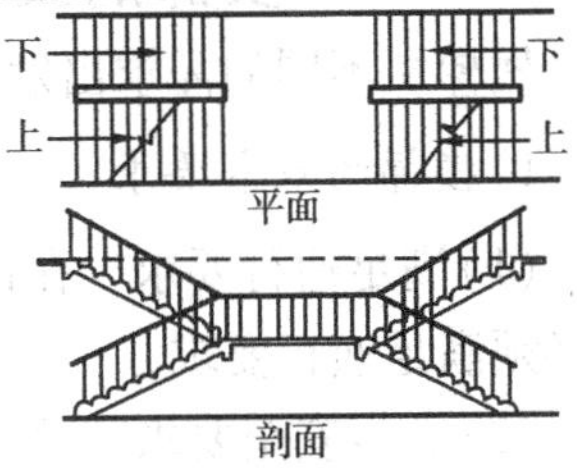
	四跑式	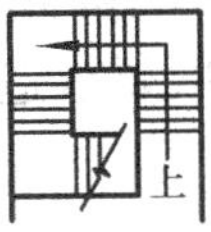	交叉式	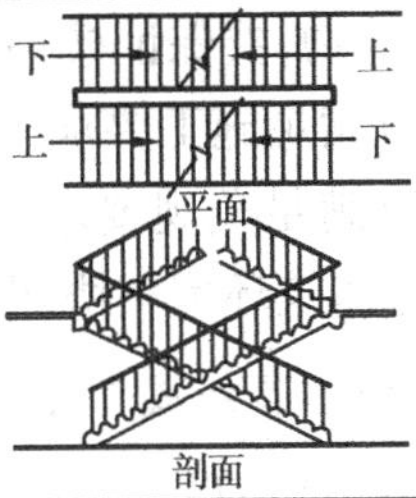

观看幻灯片

认识楼梯的各种类型，建立楼梯的空间概念。

阅读理解

1. 当楼梯设置在建筑物内为室内楼梯，当楼梯设置在建筑物外为室外楼梯。

2. 作为主要交通设施的楼梯为主要楼梯，在公共建筑物内还需设置辅助楼梯和疏散楼梯，根据消防要求需设置消防楼梯。

3. 在民用建筑中常用钢筋混凝土楼梯作为垂直交通设施。钢筋混凝土楼梯按施工方法又分为现浇钢筋混凝土楼梯和预制钢筋混凝土楼梯。现浇钢筋混凝土楼梯分为板式楼梯和梁板式楼梯。预制钢筋混凝土楼梯分为小型构件装配式楼梯、中型和大型装配式楼梯。

4. 楼梯的形式是根据使用要求，以及楼梯在房屋中的位置确定的，不同形式的楼梯其梯段的形式以及梯段与平台的相对位置也不同。

直跑式楼梯（又称单跑式）所占楼梯间的宽度较小，长度较大，常用于住宅等房屋；双跑式楼梯是一种常见的形式，它所占楼梯间的进深较小，并且与其他房间的进深相符，便于房屋的平面布置；双分式和双合式楼梯是将两个双跑式楼梯平面上合并布置，一般用于公共建筑。双分式是第一跑为一个较宽的楼梯段，经过平台后分成两个较窄的楼梯段与上一层相连；双合式是第一跑为两个较窄的楼梯段，经过平台后合并成一个较宽的楼梯段与上一层相连；三跑式、四跑式楼梯是有一个较大的楼梯井，分成若干个楼梯段，它常用于楼梯间接近于方形的公共建筑；转角式楼梯充分利用房间的空间，一般布置在房间的一角，常用于户内楼梯和公共建筑；曲线型楼梯具有较强的装饰效果，一般用于公共建筑；交叉式楼梯又称剪刀梯，是将两个直跑式楼梯对接，中间用防火墙分隔，形成两部疏散楼梯，满足一类高层住宅应有两个疏散口的要求，可节省楼梯间面积，以减少公摊面积。

5.1.2 楼梯的要求

楼梯从不同的需求出发,应满足不同的要求。

1)楼梯的基本要求

(1)满足通行要求　在设计楼梯尺寸时应使上下楼层的人流能迅速、安全地通过楼梯,因此必须满足通行要求。

(2)满足安全要求　楼梯是主要的垂直交通设施,结构要坚固、防火性能要好,有抗震要求的建筑物,要保证楼梯在地震时震而不倒,成为安全通道。

(3)满足施工要求　楼梯的造型应简洁,便于施工,降低工程成本。

(4)满足美观要求　楼梯作为建筑的主要构件,要求造型美观,在体现其使用功能的同时,应与建筑环境相协调。

2)楼梯各组成部分的尺寸要求

(1)楼梯的宽度　楼梯的宽度包括楼梯段的宽度和平台的宽度。楼梯段的净宽度是根据通过楼梯人流量的大小和安全疏散的要求决定的,在建筑防火规范中规定了疏散楼梯的总宽度。楼梯段的宽度应与基本模数相符。如疏散楼梯一般为1 000,1 100,1 500,1 800 mm等,特殊用途的楼梯可为750,850 mm宽的梯段。平台的最小宽度应不小于楼梯段的净宽。

梯段或平台的净宽,指扶手中心线间的水平距离或墙面至扶手中心线的水平距离。

住宅的户内楼梯,可按通行一股人流确定其宽度,当一边临空时,不应小于0.75 m;两边为墙时,不应小于0.9 m。

(2)净空高度　楼梯的净空高度包括楼梯段的净高和平台过道处的净高。净空高度是指由楼梯任意一个踏面前缘线至上一段楼梯底面或平台下面的突出构件下缘间的铅垂高度,这个净高是保证人或物件通过的高度,该尺寸最好使人的上肢向上伸直时不致触及上部结构,一般建筑净高度应大于2 m,公共建筑应大于2.2 m。

(3)踏步尺寸　楼梯的踏步尺寸,包括踏面宽度(b)和踢面高度(h),并且踏步的尺寸决定了楼梯的坡度。坡度小,较平缓,行走舒适;相反,陡些虽然经济,但行走不舒适,也有危险感。所以要选择适当的踏步尺寸。

踏面宽度与人的脚长和上下楼梯时脚与踏面接触的状态有关。踏面宽度为$b=300$ mm时,人的脚可以完全踏在上面,行走才舒适;当踏面宽度$b<300$ mm时,脚一部分悬空,行走不方便;一般踏面宽度$b\approx300$ mm。而楼梯的踢面高度取决于踏面宽度,这是因为踏面宽度与踢面高度之和与人的自然跨步长度(也称步距)有关,人的步距平坡一般为600 mm,上坡时步距减小。可用经验公式计算踏步尺寸:

$$2h+b=600\ \text{mm}$$

或

$$h+b=450\ \text{mm}$$

式中　h——踏步高度(踢面高度);

b——踏步宽度(踏面宽度)。

当踏面尺寸较小时,可以采取加做踏口或使踢面倾斜的方式加宽踏面,但踏口的挑出尺寸为20 mm左右,不宜过大。

(4)栏杆(板)及扶手　栏杆或栏板是楼梯段及平台临空一侧的安全设施,扶手设置在栏杆(板)上面,作为行走楼梯时依扶之用。在特殊建筑(如医院、疗养院等)内还单独设墙面扶手。

室内楼梯的扶手高度,一般为 900 mm,靠楼梯井一侧水平扶手超过 0.5 m 长时,其扶手高度不应小于 1 000 mm。幼儿使用的楼梯在 500 ~ 600 mm 高度加设一道扶手。扶手高度为踏步前缘至扶手顶面的竖直高度。

(5)楼梯井尺寸　楼梯井指两个梯段之间的空隙,钢筋混凝土楼梯井宽度一般取 100 ~ 200 mm。幼儿用的楼梯,应在楼梯井(>200 mm 时)设防护栏等。

小组讨论

楼梯各部分尺寸具体要满足哪些要求?

练习作业

1. 简述楼梯的类型。
2. 确定楼梯各组成部分尺寸时应满足的要求是什么?

5.2　钢筋混凝土楼梯的构造

活动建议

参观各种类型的楼梯。

5.2.1　现浇钢筋混凝土楼梯

现浇钢筋混凝土楼梯是指楼梯段、楼梯平台等整体浇在一起的楼梯。它整体性好、刚度大、坚固耐久、抗震较为有利。但是在施工过程中,要经过支模板、绑扎钢筋、浇灌混凝土、振捣、养护、拆模等作业,受外界环境因素影响较大,工人劳动强度大。在拆模之前,不能利用它进行垂直运输,因而过去常用于比较小且抗震设防要求较高的建筑中。对于螺旋形楼梯、弧形楼梯等形状复杂的楼梯,也宜采用现浇楼梯。随着机械化施工程度的提高,现浇框架结构的增加,现浇楼梯应用广泛。按其结构可分为板式楼梯和梁板式楼梯两种类型。

1)板式楼梯

板式梯段是指楼梯段作为一块整板,斜搁在楼梯的平台梁上,平台梁之间的距离便是这块板的跨度,如图 5.1(a)所示。

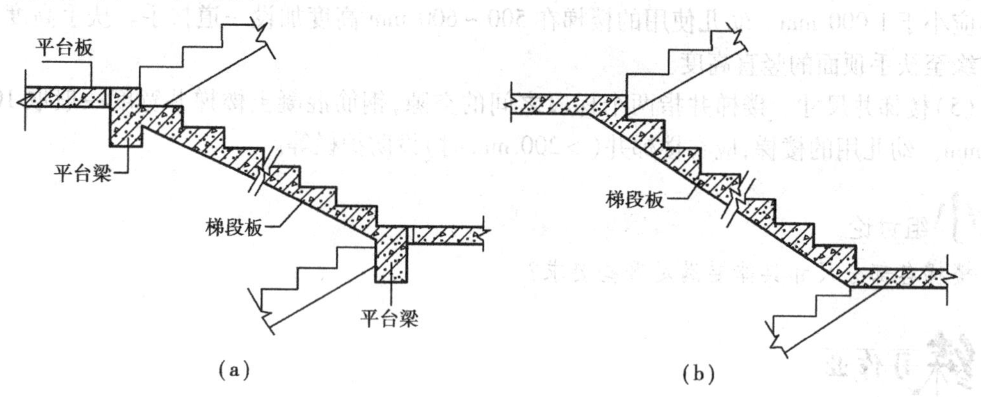

图 5.1 现浇钢筋混凝土板式梯段

(a)带平台梁的板式楼梯;(b)无平台梁的板式楼梯

①组成:由梯段板、平台板、平台梁、栏杆和扶手等组成。

②范围:适用于板跨控制在 3 000 mm 以内的小楼梯。

③构造:厚度 80 mm 或 1/40 ~ 1/30 板跨。

2)梁板式楼梯

当梯段较宽或楼梯荷载较大时,采用板式梯段往往不经济,须增加梯段斜梁(简称梯梁)以承受板的荷载,并将荷载传给平台梁,这种梯段称为梁板式梯段,如图 5.2 所示。

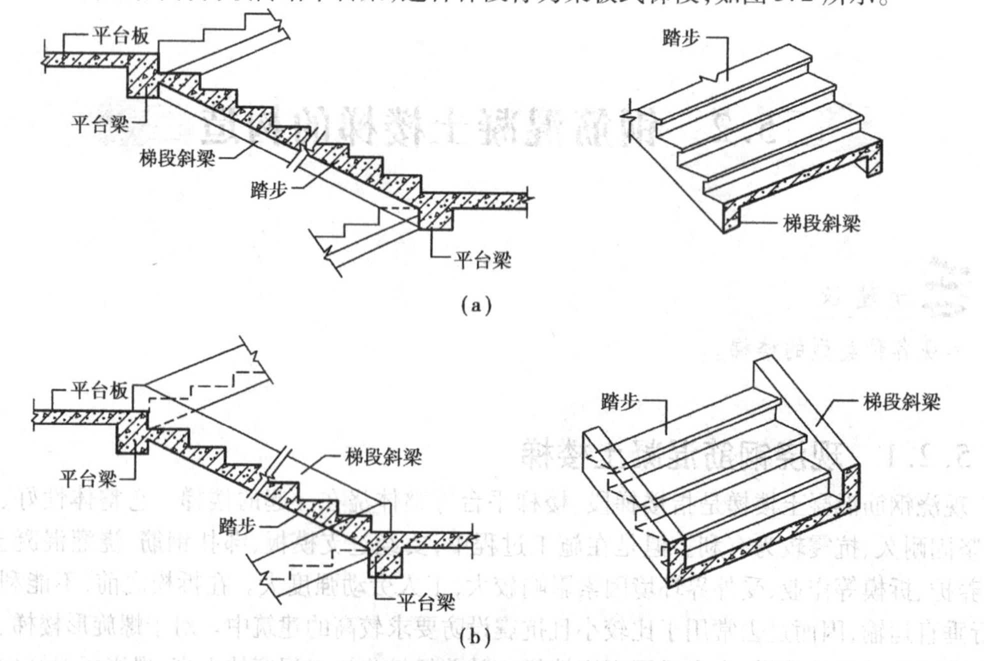

图 5.2 现浇钢筋混凝土梁板式梯段

(a)正梁式梯段;(b)反梁式梯段

梁板式梯段在结构布置上有双梁布置和单梁布置之分。梯梁在板下部的称为正梁式梯段,将梯梁反向上面称为反梁式梯段。

①组成:由踏步板、梯梁、平台板、平台梁、栏杆和扶手组成。

②范围:板跨超过 3 000 mm,楼梯较大,荷载较大时。

③构造:按荷载设计要求确定。

④类型:明步梯段和暗步梯段。

小组讨论

1. 参观的这些楼梯属于哪类楼梯?
2. 这些楼梯由哪几部分组成?

练习作业

1. 现浇钢筋混凝土楼梯的特点有哪些?
2. 现浇钢筋混凝土楼梯由哪些部分组成?各部分的构造形式有哪些?

5.2.2 预制钢筋混凝土楼梯

预制钢筋混凝土楼梯是将楼梯分成若干个构件,在预制厂制作,到现场安装。预制装配式钢筋混凝土楼梯可以提高建筑工业化的程度,减少现场湿作业,加快施工速度。它具有工期短、效率高等优点。但楼梯的尺寸和造型受到一定的限制,抗震能力较现浇楼梯差。

预制装配式钢筋混凝土楼梯按楼梯构件尺寸的不同、施工现场吊装设备能力的不同,可分为小型构件装配式楼梯和大、中型构件装配式楼梯。

预制小型装配式钢筋混凝土楼梯按其构造方式可分为梁承式、墙承式和墙悬臂式等类型。安装小型构件装配式楼梯可不用吊装设备或只用小型吊装设备就能完成。其优点是构件体积小、质量轻,易制作、运输、安装;缺点是构件、施工工序多,施工速度慢,整体性差。其适用于一些标准不高的次要建筑中。

1)梁承式

梁承式钢筋混凝土楼梯系指梯段由平台梁支承的楼梯。预制构件可由梯段(板式或梁板式梯段)、平台梁、平台板 3 部分组成,如图 5.3 所示。

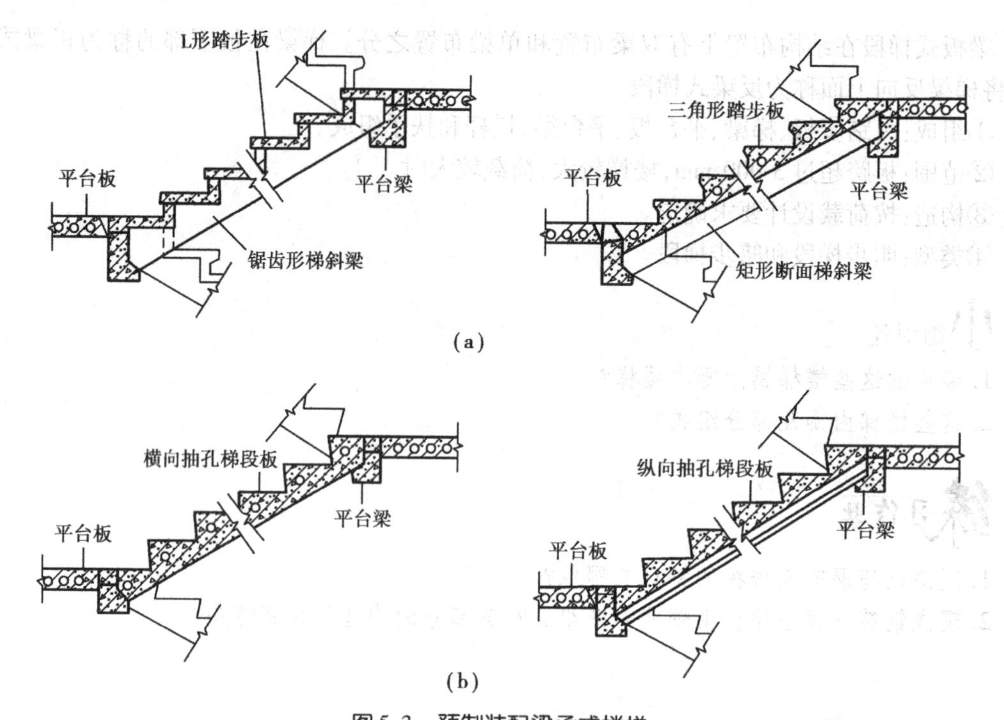

图5.3　预制装配梁承式楼梯

(a)梁板式梯段;(b)板式梯段

(1)梯段　梯段按构造方式分为板式和梁板式。

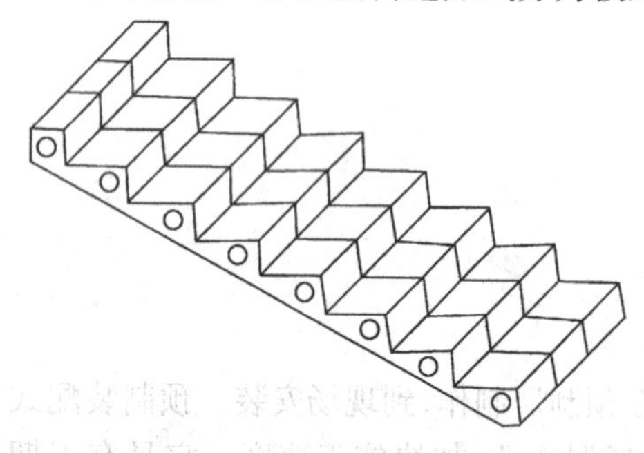

图5.4　条板式梯段

①板式梯段:为整块或数块带踏步条板的整板组成。其特点是楼梯底面平整,外形美观,造价低,多用于跨度在3.3 m以内的梯段。为减轻板的自重,梯段板可做成空心的,如图5.4所示。

②梁板式梯段:梁板式梯段由梯斜梁和踏步板组成。一般在踏步板两端各设1根梯斜梁,踏步板支承在梯斜梁上。

a.踏步板有正L、反L形和抽空三角形等形式,斜梁有矩形和锯齿形。矩形斜梁支承三角形踏步;锯齿形斜梁支承正L、反L形踏步,如图5.5所示。

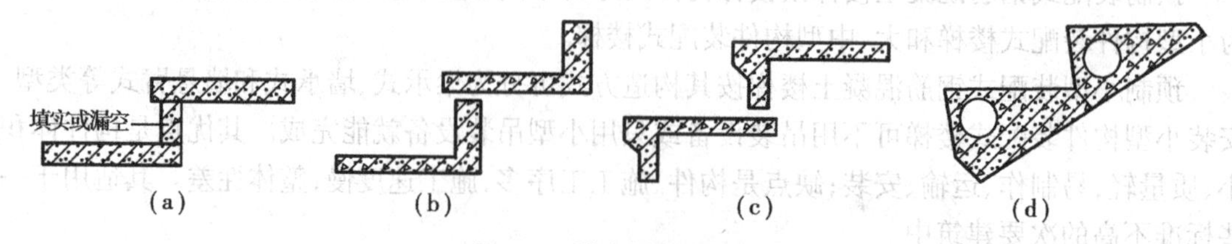

图5.5　踏步板断面形式

b.梯斜梁用于搁置一字形、L形断面踏步板的梯斜梁为锯齿形变断面构件;用于搁置三角形断面踏步板的梯斜梁为等断面构件,如图5.6所示。

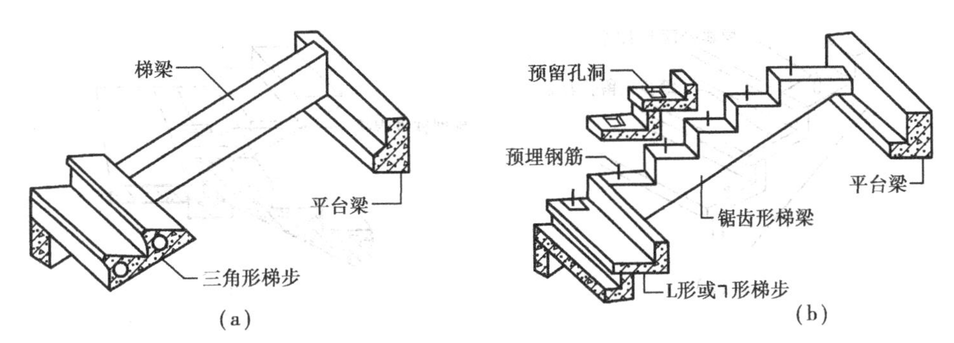

图5.6 梯梁与踏步的连接方式

(2)平台梁 梁承式楼梯的平台梁，一般采用L形或十字形等截面形式，如图5.7所示。

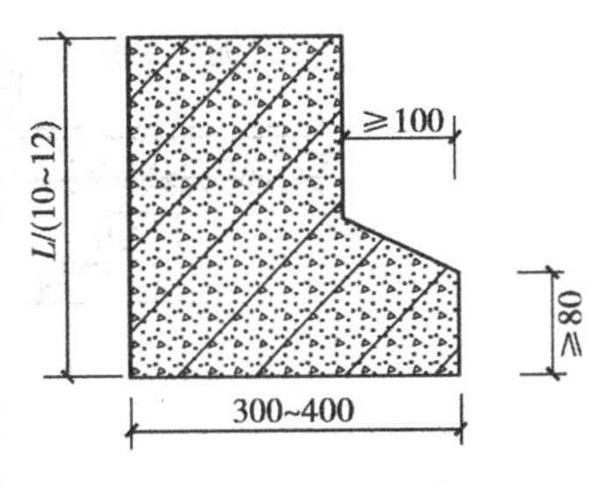

图5.7 平台梁断面尺寸

(3)平台板 可根据需要采用钢筋混凝土空心板、槽板或平板，布置方式如图5.8所示。

(4)构件连接构造

①踏步板与梯斜梁连接：一般在梯斜梁支承踏步板处用水泥砂浆灌浆连接。如需加强，可在梯斜梁上预埋插筋，与踏步板支承端预留孔插接，用高标号水泥砂浆填实，如图5.9所示。

②梯斜梁或梯段板与平台梁连接：在支座处除了用水泥砂浆坐浆外，应在连接端预埋钢板进行焊接。

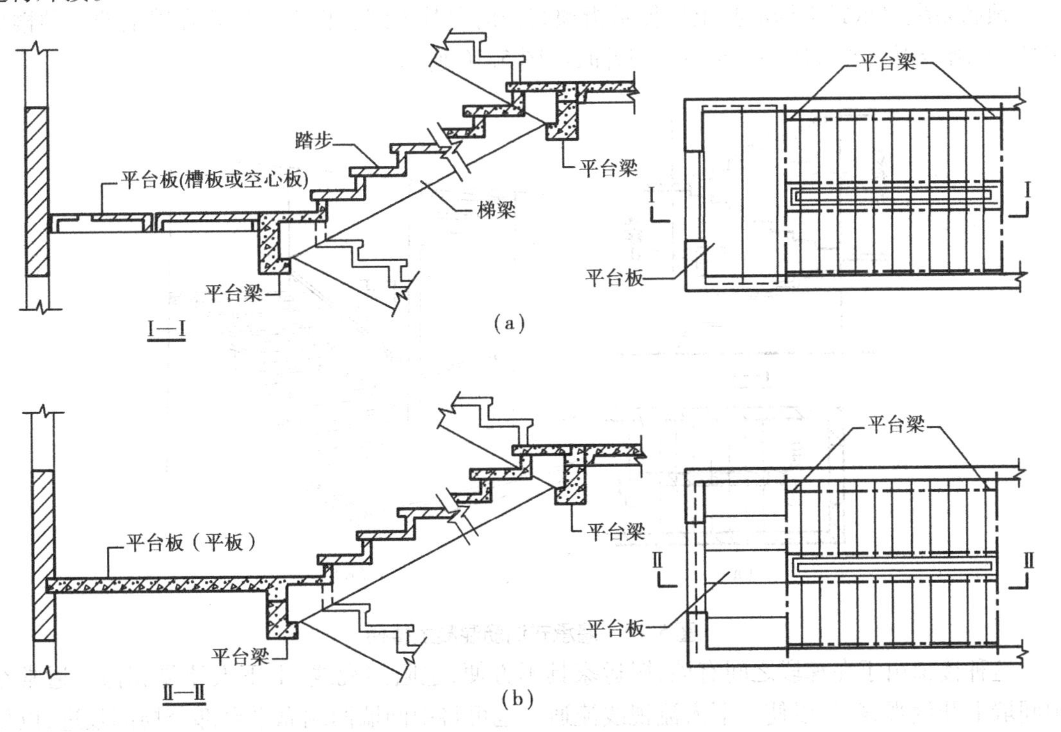

图5.8 梁承式梯段与平台的结构布置

(a)平台板两端支承在楼梯间侧墙上，与平台梁平行布置；(b)平台板与平台梁垂直布置

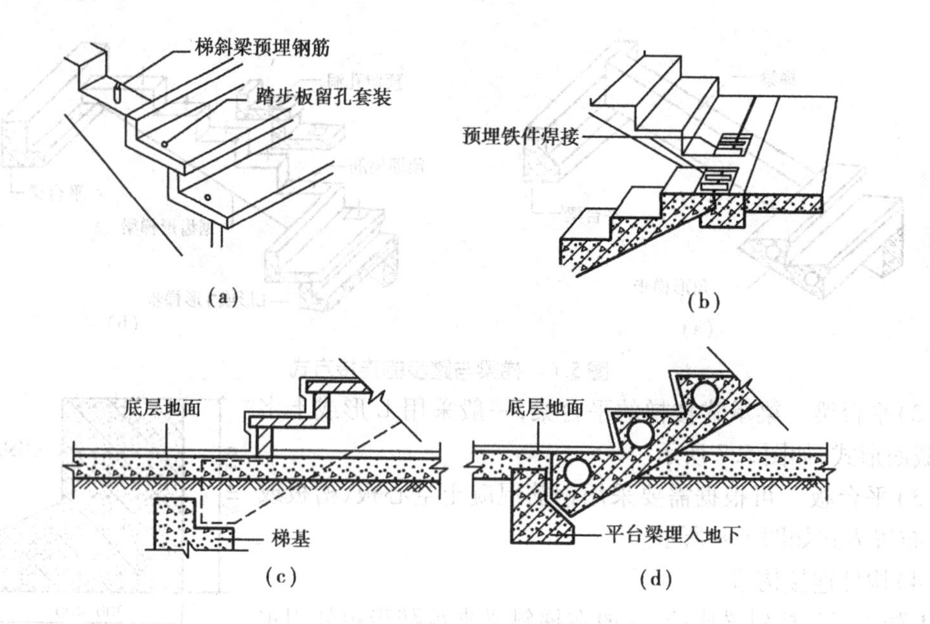

图 5.9　构件连接构造

③梯斜梁或梯段板与梯基连接:在楼梯底层起步处,梯斜梁或梯段板下应做梯基。梯基常用砖或混凝土,也可用平台梁代替梯基,但需注意该平台梁无梯段处与地坪的关系。

2)墙承式楼梯

预制装配墙承式钢筋混凝土楼梯系指预制钢筋混凝土踏步板直接搁置在墙上的一种楼梯形式,其踏步板一般采用一字形、L 形断面,如图 5.10 所示。

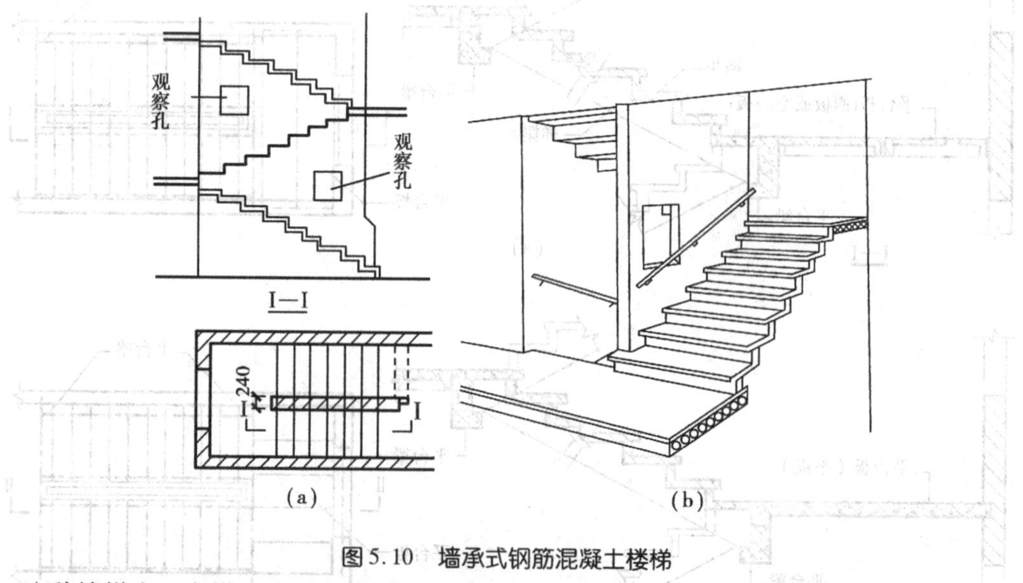

图 5.10　墙承式钢筋混凝土楼梯

这种楼梯由于在梯段之间有墙,搬运家具不方便,也阻挡视线,上下人流易相撞。通常在中间墙上开设观察口,以使上下人流视线流通。也可将中间墙两端靠平台部分局部收进,以使空间通透,有利于改善视线和搬运家具物品。但这种方式对抗震不利,施工也较麻烦。

3)悬挑式楼梯

预制装配墙悬挑式钢筋混凝土楼梯系指预制钢筋混凝土踏步板一端嵌固于楼梯间侧墙上,另一端凌空悬挑的楼梯形式,如图5.11所示。

预制装配墙悬挑式钢筋混凝土楼梯用于嵌固踏步板的墙体厚度不应小于240 mm,踏步板悬挑一般长度小于等于1 800 mm。踏步板常采用L形带肋断面形式,其嵌入墙固定端一般做成矩形断面,嵌入深度240 mm。悬挑式楼梯所占空间小、用料省、自重轻、外形轻巧美观,但施工麻烦,所以多用于直跑楼梯。

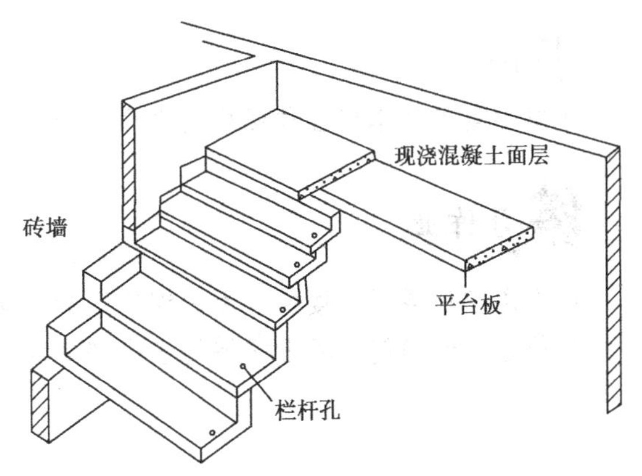

图5.11 悬挑式钢筋混凝土楼梯

阅读理解

大中型构件装配式楼梯

当施工的机械化程度较高时,可用大中型起重设备吊装体积与质量较大的装配式楼梯,以加快施工进度。

1)中型构件装配式楼梯

中型构件装配式楼梯,一般由楼梯段和带平台梁的平台板两个构件组成。带梁平台板把平台板和平台梁合并成一个构件。用中型的吊装设备来安装楼梯,这种楼梯一般多采用梁板式结构。它由平台板、平台梁、踏步板和斜梁等部件组成,经吊装组合而成完整楼梯。这种做法的平台板,可以与小型构件装配式楼梯的平台板一样,采用预制钢筋混凝土槽形板或空心板,两端直接支承在楼梯间的横墙上;或采用小型预制钢筋混凝土平台板,直接支承在平台梁和楼梯间的纵墙上。

中型构件装配式楼梯的平台梁,其截面形式为L形、矩形、花篮形;平台板的截面形式为空心板、槽形板;斜梁有锯齿形和直线形;踏步板有L形、空心三角形。安装踏步板时要用水泥砂浆铺垫,以保证梯段的稳定,同时在与斜梁和平台梁的结合处,用插筋套接或预埋钢板电焊的方法连接牢固。

2)大型构件装配式楼梯

大型构件装配式楼梯,是把整个梯段和平台预制成一个构件。按结构形式不同,有板式楼梯和梁板式楼梯两种,如图5.4所示。为减轻构件的质量,可以采用空心楼梯段。楼梯段和平台这一整体构件支承在钢支托或钢筋混凝土支托上。

大型构件装配式楼梯,构件数量少,装配化程度高,施工速度快,但施工时需要大型的起重运输设备,主要用于大型装配式建筑中。

大型构件装配式楼梯由平台板、踏步板和平台梁等部件组成。其构造做法是,把平台板和踏步板做成一个整体,一起吊重。

小组讨论

组织学生参观本校各种楼梯的类型后，讨论各种楼梯组成部分和构造要求。

练习作业

1. 现浇钢筋混凝土楼梯与预制钢筋混凝土楼梯的区别是什么？
2. 简述预制钢筋混凝土楼梯的组成部分以及各部分的构造形式。

5.2.3 钢筋混凝土楼梯的细部构造

1）踏步

楼梯踏步由踏面和踢面组成，踏步的断面呈三角形，一般情况下踏面与踢面的比例以1∶2为宜。为不增加楼梯长度，扩大踏面宽度，使行走舒适，常在踏步的边缘突出20 mm，或向外倾斜20 mm形成斜面，如图5.12所示。

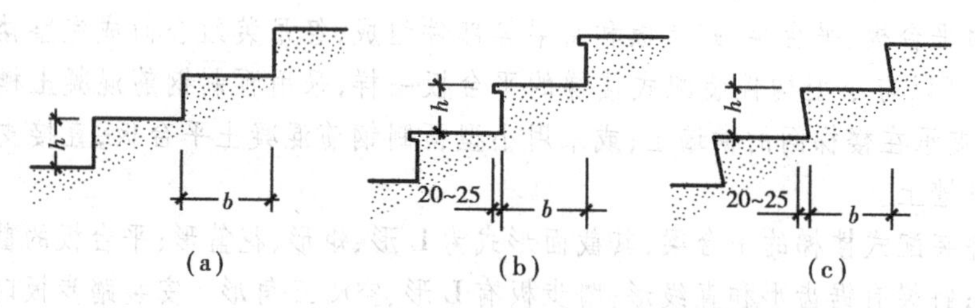

图5.12 踏步尺寸

（a）踏步的踏面和踢面；（b）加做踏口；（c）踢面倾斜

踏面应光洁、耐磨，易于清扫。面层常采用水泥砂浆、水磨石等，亦可采用铺缸砖、贴油地毡或铺大理石板。前两种多用于一般工业与民用建筑中，后几种多用于有特殊要求或较高级的公共建筑中。

为防止行人在上下楼梯时滑跌，特别是水磨石面层以及其他表面光滑的面层，常在踏步近踏口处，用不同于面层的材料做出略高于踏面的防滑条；或用带有槽口的陶土块或金属板包住踏口。如果面层系采用水泥砂浆抹面，由于表面粗糙，可不做防滑条，如图5.13所示。

2）栏杆和栏板

栏杆和栏板是在楼梯和平台临空一边所设置的围护构件，是保证安全的设施，并起到一定的装饰作用。

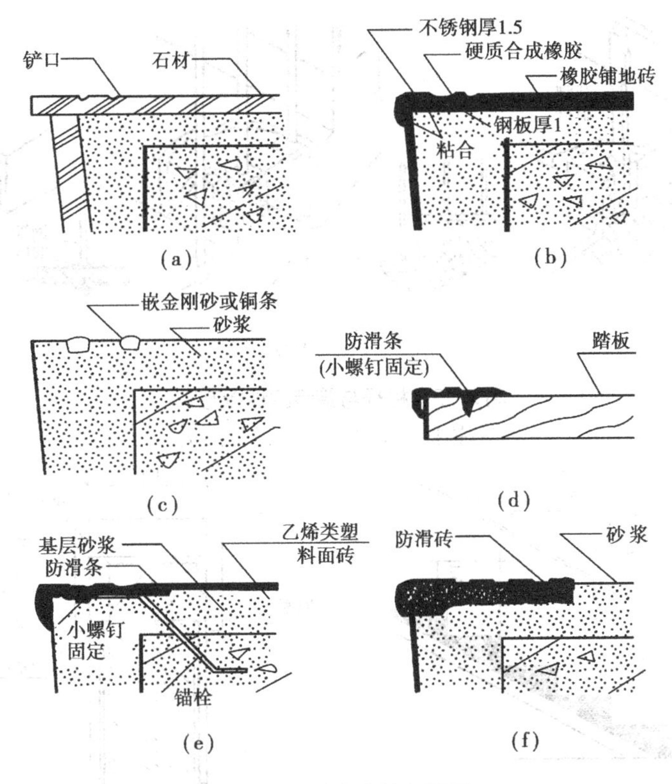

图 5.13 踏步的防滑处理

(a)石材铲口;(b)粘复合材料防滑条;(c)嵌金刚砂或铜条;

(d)钉金属防滑条;(e)锚固金属防滑条;(f)防滑面砖

(1)栏杆　栏杆是透空构件,多采用方钢、圆钢、钢管或扁钢等材料,并可焊接或铆接成各种图案,目前,不锈钢管栏杆和铸铁花饰栏杆在各地较为流行,如图 5.14 所示。

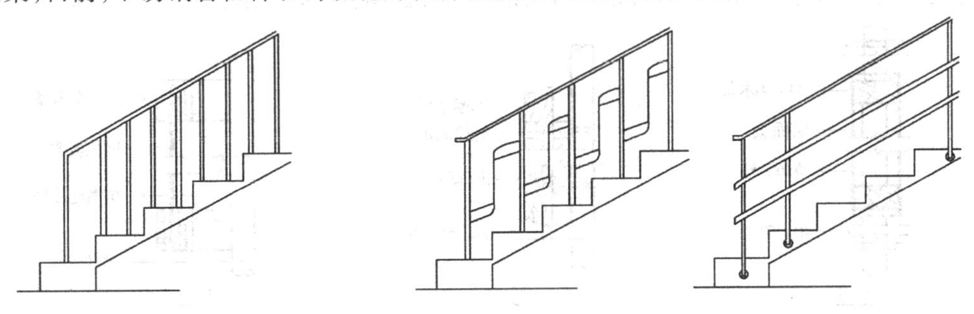

图 5.14 金属栏杆

栏杆与踏步的连接方式有锚接、焊接和栓接 3 种,如图 5.15 所示。

锚接是在踏步上预留孔洞,然后将钢条插入孔内,预留孔一般为 50 mm × 50 mm,插入孔内至少 80 mm,孔内浇注水泥砂浆或细石混凝土嵌固;焊接则是在浇注楼梯踏步时,在需要设置栏杆的部位,沿踏面预埋钢板或在踏步内埋套管,然后将钢条焊接在预埋钢板或套管上;栓接系指利用螺栓将栏杆固定在踏步上,方式可有多种。

(2)栏板　栏板是不透空构件,常用钢筋混凝土或加筋砖砌体制作,也有用钢丝网水泥板制作的。钢筋混凝土栏板有预制和现浇两种,如图 5.16 所示。

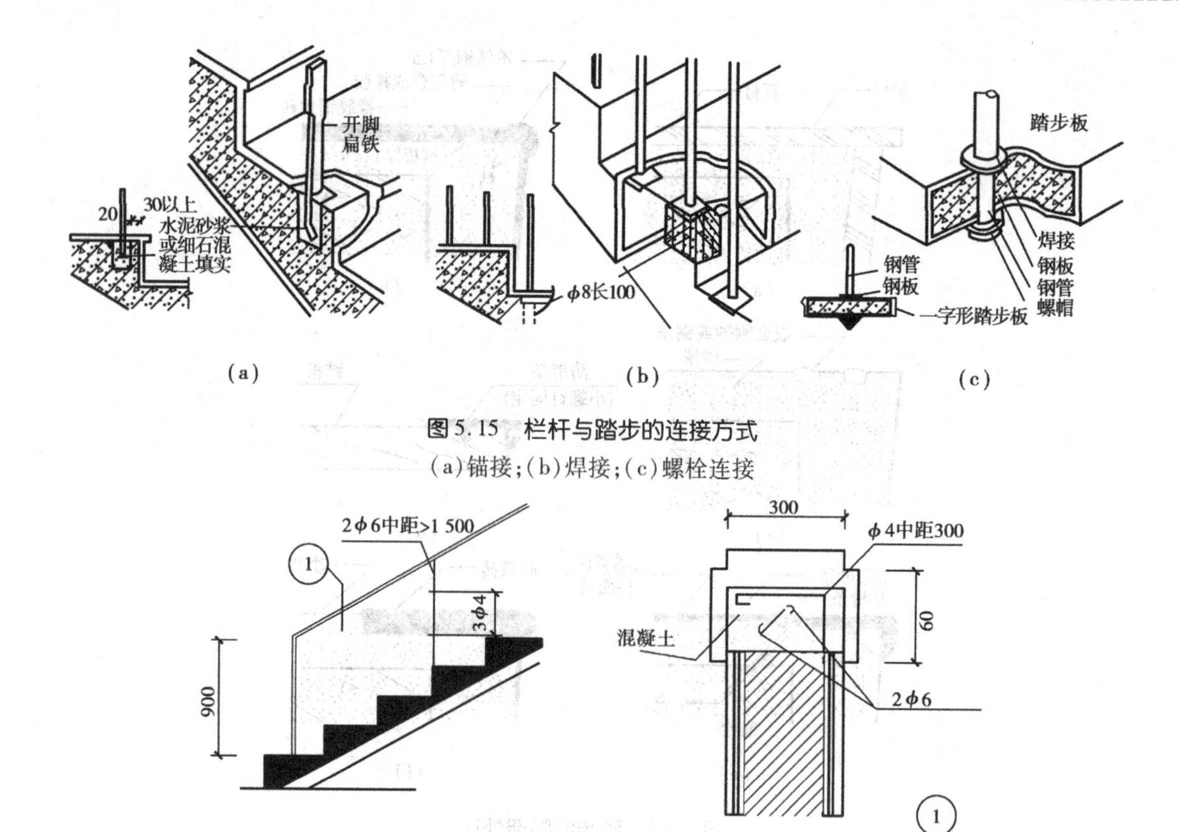

图 5.15　栏杆与踏步的连接方式

(a)锚接;(b)焊接;(c)螺栓连接

图 5.16　砖砌栏板

(3)混合式　混合式是指空花式和栏板式两种栏杆形式的组合。栏杆竖杆作为主要抗侧力构件,栏板则作为防护和美观装饰构件,其栏杆竖杆常采用钢材或不锈钢等材料,其栏板部分常采用轻质美观材料制作,如木板、塑料贴面板、铝板、有机玻璃板和钢化玻璃板等,如图5.17所示。

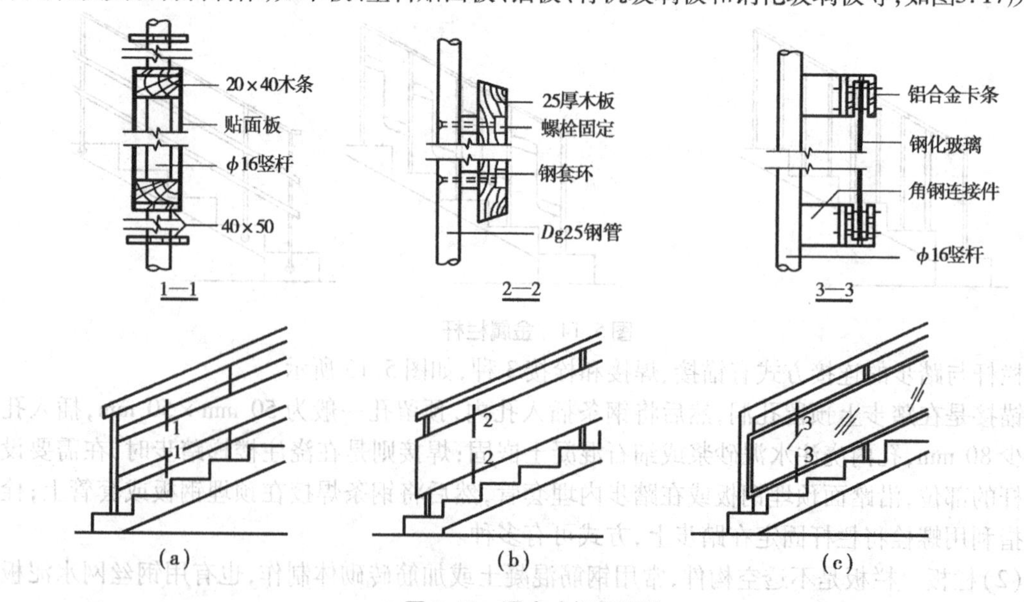

图 5.17　混合式栏杆构造

3)扶手

栏杆和栏板的上部都要设置扶手,供人们上下楼梯时依扶之用。

楼梯扶手按材料分有木扶手、金属扶手、塑料扶手等;按构造分有镂空栏杆扶手、栏板扶手和靠墙扶手等。

木扶手、塑料扶手用木螺丝通过扁铁与漏空栏杆连接;金属扶手则通过焊接或螺钉连接;靠墙扶手则由预埋铁脚的扁钢用木螺丝来固定。栏板上的扶手多采用抹水泥砂浆或水磨石面的处理方式,如图5.18所示。

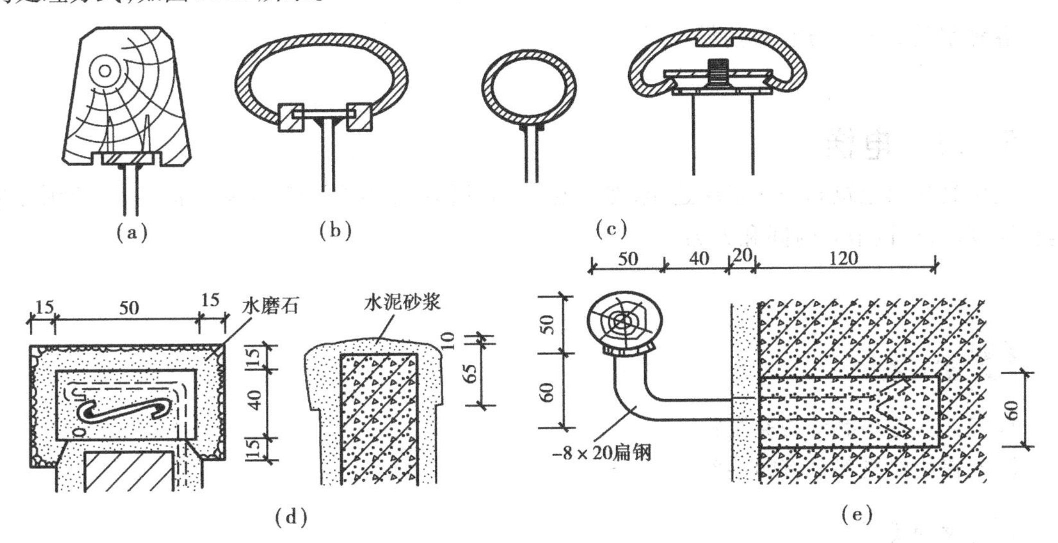

图5.18 栏杆及栏板的扶手构造

(a)木扶手;(b)塑料扶手;(c)金属扶手;(d)栏板扶手;(e)靠墙扶手

练习作业

1. 简述楼梯细部构造的组成。
2. 简述楼梯各组成部分的连接方式。

5.3 电梯与自动扶梯

观看幻灯片

各种常见的电梯与自动扶梯类型。

5.3.1 电梯

电梯是高层建筑和一些多层建筑(如多层厂房、医院、商店等)所必需的垂直交通设施,它运行速度快,可以节省时间和人力。

观察思考

1. 常见的电梯有哪些类型?
2. 电梯的组成部分有哪些?

1)电梯的类型

电梯的类型很多,一般按使用性质、行驶速度和载重量进行分类。目前,多采用载重量作为划分电梯规格的标准,如1 000,2 000 kg等。

(1)按使用性质分

①客梯:主要用于人们在建筑物中的垂直联系。

②货梯:主要用于运送货物及设备。

③消防电梯:用于发生火灾、爆炸等紧急情况下作安全疏散人员和消防人员紧急救援使用。

④观光电梯:是把竖向交通工具和登高流动观景相结合的电梯。透明的轿厢使电梯内外景观相互沟通。

(2)按电梯行驶速度分

①高速电梯:速度大于2 m/s,梯速随层数增加而提高,消防电梯常用高速电梯。

②中速电梯:速度在2 m/s之内,一般货梯,按中速考虑。

③低速电梯:运送食物电梯常用低速,速度在1.5 m/s以内。

2)电梯的组成

电梯由轿厢、井道和机房等部分组成,如图5.19所示。

①轿厢:主要用于载人或载物,是由电梯厂生产的设备,要求造型美观、经久耐用,轿厢沿导轨滑行。

②井道:电梯井道是电梯运行的通道,不同用途的电梯,井道的平面形式和尺寸不同,一般采用钢筋混凝土现浇而成。井道内包括出入口、电梯轿厢、导轨、导轨撑架、平衡锤及缓冲器等。

③机房:电梯机房一般设在井道的顶部,是安装电梯的起重动力设备及控制系统的场所,其平面位置尺寸均应按电梯厂提出的要求进行,满足机房有关设备安装的要求,并具有良好的采光。机房楼板应按机器设备要求的部位预留孔洞。

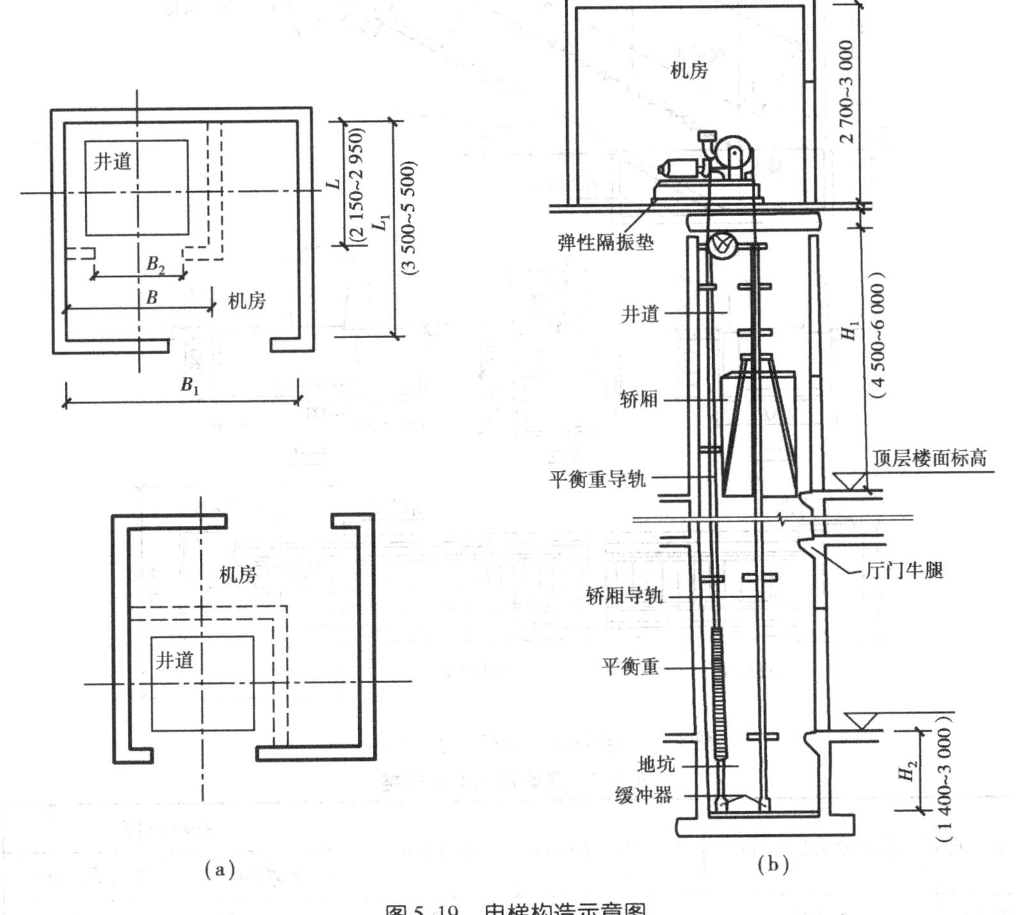

图5.19 电梯构造示意图

(a)平面;(b)通过电梯门剖面(无隔声层)

5.3.2 自动扶梯

自动扶梯是建筑物楼层间运输效率最高的垂直交通设施,适用于有大量人流上下的公共场所,如车站、超市、商场、地铁车站等。自动扶梯可正、逆两个方向运行,可作提升及下降使用,机器停转时可作普通楼梯使用。

自动扶梯是电动机械牵动梯段踏步连同栏杆扶手带一起运转。机房悬挂在楼板下面,如图5.20所示。

自动扶梯的坡道比较平缓,一般采用30°,运行速度为0. 5 ~0. 7 m/s,宽度按输送能力有单人和双人两种。其型号规格见表5.2。

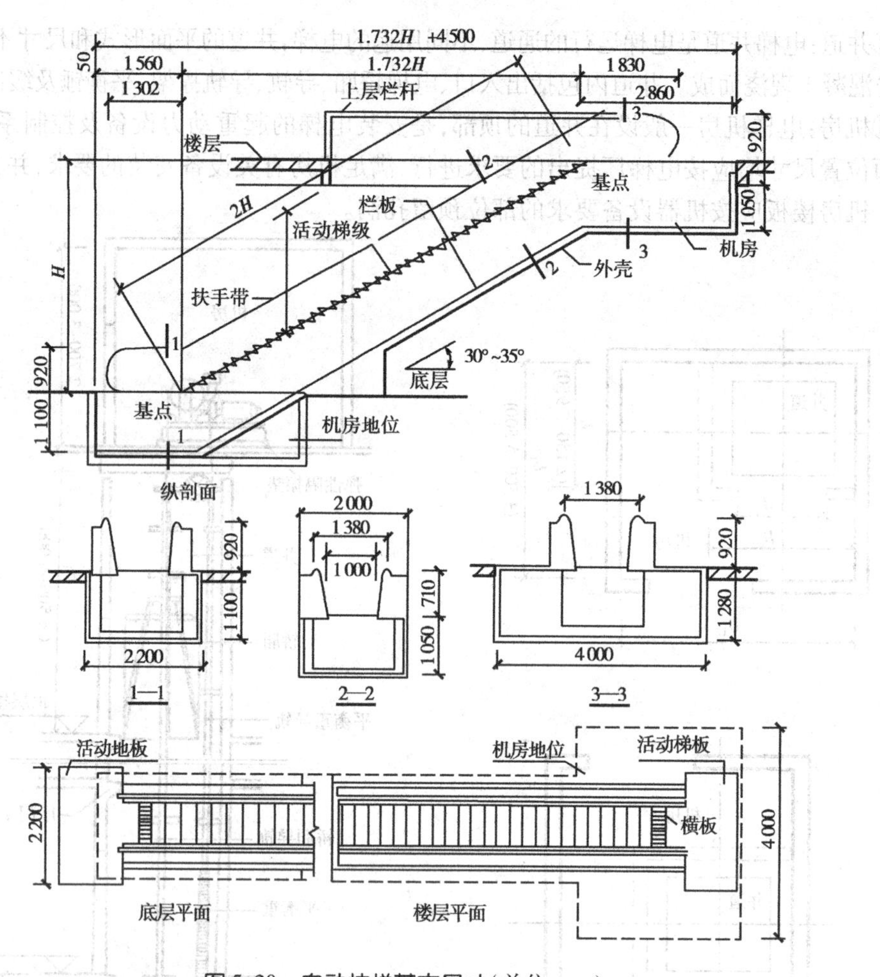

图5.20 自动扶梯基本尺寸(单位:mm)

表5.2 自动扶梯型号规格

梯 型	输送能力(人/h)	提升高度 H(m)	速度(m/s)	扶梯宽度	
				净宽 B(mm)	外宽 B_1(mm)
单人梯	5 000	3~10	0.5	600	1 350
双人梯	8 000	3~8.5	0.5	1 000	1 750

练习作业

1. 简述电梯的类型。
2. 电梯有哪些组成部分?

5.4 室外台阶和坡道的构造

观看幻灯片

常见的台阶与坡道。

室外台阶与坡道是联系室内地面与室外地面的交通设施。一般采用台阶，当有车辆通行或室内外地面高差较小时，可采用坡道。台阶与坡道也可一起使用，正面是台阶，两侧是坡道。台阶与坡道在出入口处对建筑物的立面起到一定的装饰作用。

5.4.1 室外台阶

室外台阶由踏步和平台组成，其形式有单面踏步式、三面踏步式等。台阶坡度较楼梯平缓，每级踏步高为100~150 mm，踏面宽为300~400 mm。当台阶高度超过1 m时宜有护栏设施，台阶与建筑出入口之间应留有一定宽度的缓冲平台，表面做向室外1%~4%的流水坡。

室外台阶的构造分实铺与架空两种，大多数台阶采用实铺；一般采用砖砌抹灰、条石砌筑、混凝土或钢筋混凝土浇筑等几种做法；由基层、垫层和面层组成；基层为素土夯实，基层大多采用混凝土，面层的材料应采用耐久性、抗冻性、耐磨性好的材料，如天然石材、混凝土、缸砖等，如图5.21所示。

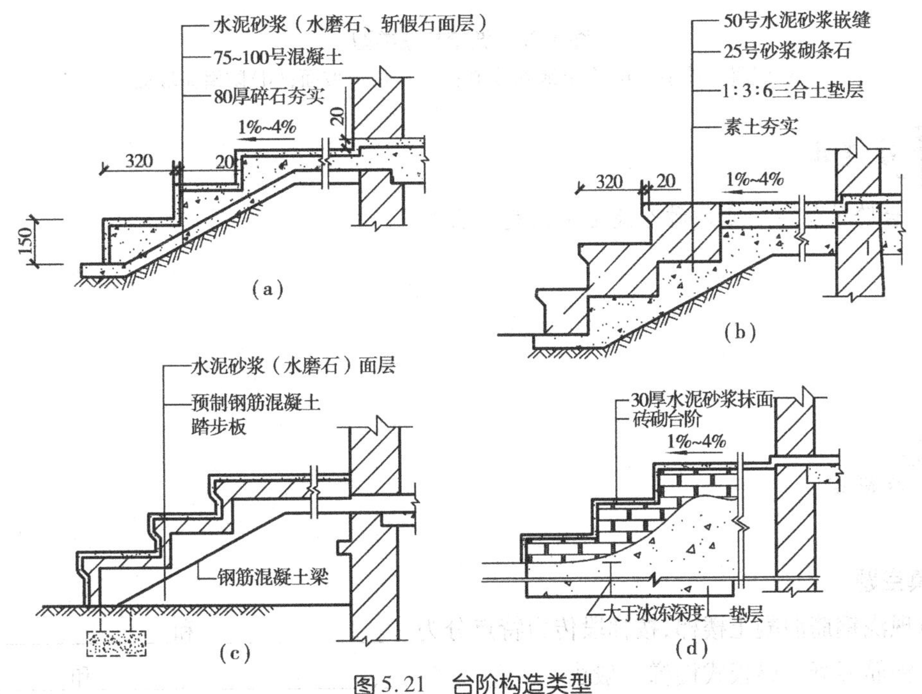

图5.21 台阶构造类型

(a)混凝土台阶；(b)条石台阶；(c)预制钢筋混凝土台阶；(d)砖砌台阶

5.4.2　坡道

坡道的坡度要方便车辆和行人出入，一般在(1∶6)～(1∶10)较为合适，大于1∶8者需设有防滑措施，将坡道面层做成锯齿形或设防滑条。

坡道的构造一般与地面相似，应选择表面结实和抗冻性好的材料，常见的有混凝土或石块等，面层亦以水泥砂浆居多，对经常处于潮湿、坡度较陡或采用水磨石作面层的，在其表面必须做防滑处理。在构造上应考虑主体建筑的沉降而引起坡道裂缝的问题。坡道的构造类型如图5.22所示。

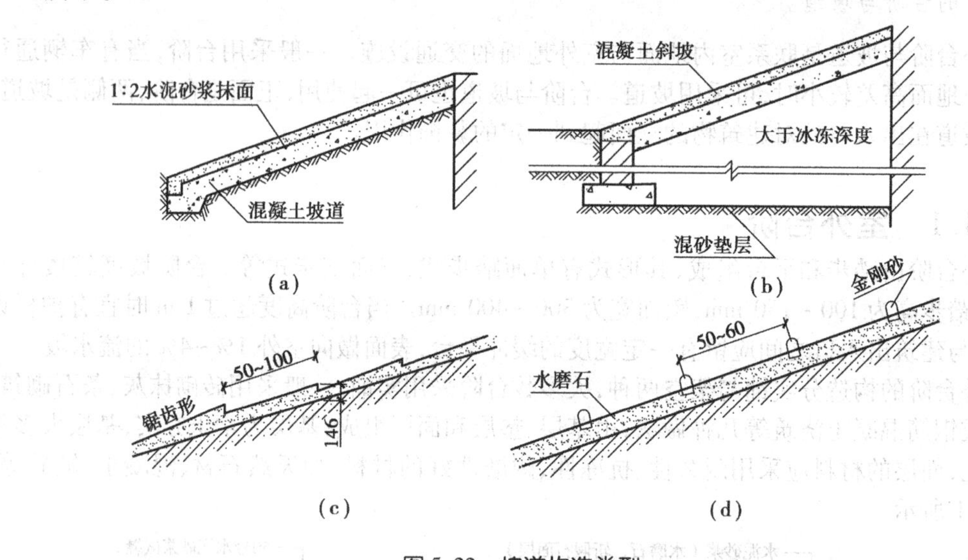

图5.22　坡道构造类型

(a)混凝土坡道；(b)换土地基坡道；(c)锯齿形坡面；(d)防滑条坡面

室外台阶的构造分哪两种？最常用的是什么？

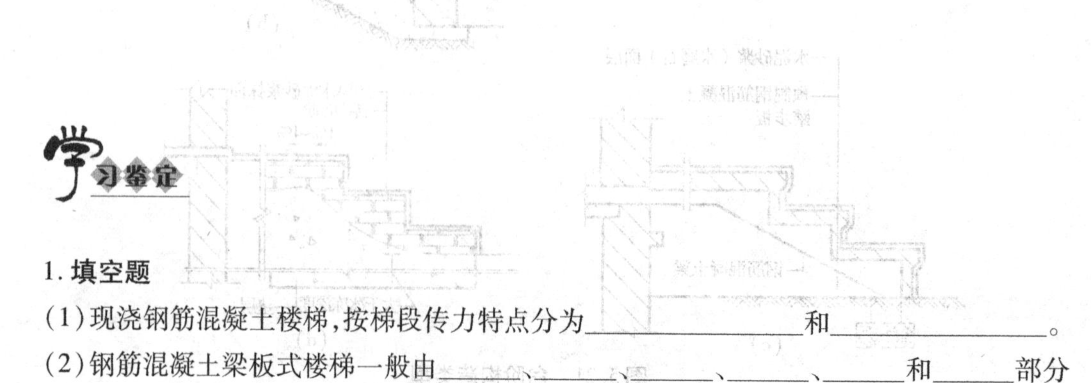

1.填空题

(1)现浇钢筋混凝土楼梯，按梯段传力特点分为________和________。

(2)钢筋混凝土梁板式楼梯一般由______、______、______、______、______和______部分组成。

(3)楼梯段的踏步数一般不应超过________级,且不应少于________级。

2. 单选题

(1)下列关于楼梯构造的说法,不正确的是(　　)。

A. 楼梯踏步的踏面应光洁、耐磨、易于清扫

B. 水磨石面层的楼梯踏步近踏口处,一般不做防滑处理

C. 水泥砂浆面层的楼梯踏步近踏口处,可不做防滑处理

D. 楼梯栏杆应与踏步有可靠连接

(2)下列关于楼梯的构造说法,正确的是(　　)。

A. 单跑楼梯梯段的踏步数一般不超过 15 级

B. 踏步宽度不应小于 280 mm

C. 一个梯段的踏面数与踢面数相等

D. 楼梯各部位的净空高度均不应小于 2 m

3. 问答题

(1)楼梯由哪几部分组成?各组成部分起什么作用?

(2)常见楼梯的形式有哪些?

(3)现浇钢筋混凝土楼梯常见的结构形式有哪几种?各有什么特点?

(4)楼梯踏步的防滑措施有哪几种?

(5)室外台阶有哪些组成部分?其形式分为哪几种?

教学评估

见本书附录或光盘。

6 门与窗

本章内容简介

门窗的分类

常用门窗的构造做法及要求

常用遮阳设施的类型及适用条件

本章教学目标

熟练识别门窗的类型及要求

熟悉木门窗的构造和做法

熟悉铝合金门窗的构造和做法

了解塑钢门窗的构造和做法

了解遮阳设施的类型

问题引入

门和窗是建筑物的两个重要围护部件，同时也直接反映整个建筑物的风格。那么，日常生活中常见的门窗类型有哪些？常用门窗是怎样构造而成的呢？下面，我们一起去认识门和窗。

6.1 门窗的类型

活动建议

带学生参观各种门窗的实物。

6.1.1 门窗的作用

小组讨论

门和窗有什么作用？

1)门的作用

(1)出入　人们进出房间的交通口，它的大小、数量、位置、开启方向都要按有关规范设计。

(2)疏散　发生火灾、地震等灾难时，人们通过门逃离现场。

(3)采光和通风　利用门上玻璃窗，或半、全玻门进行采光，通过对门和窗的合理位置的设置使空气对流通风。

(4)防火　防火门能阻止火势的蔓延，要求防火门采用阻燃材料制成或防护。

(5)美观　外门设计的好坏，决定着建筑物的立面效果。

2)窗的作用

(1)采光　自然采光有益于人的健康和节约能源，通过合理设置窗户来满足室内的采光要求。

(2)通风　为确保室内空气清新，要设置足够的窗户进行自然通风。

(3)观察、传递　通过窗户可观看室外的情况，还可用小窗口传递物品。

(4)体现建筑风格　窗户对统一整个建筑风格起到不可替代的作用。窗户的大小、形状、布局、疏密、色彩等直接体现着建筑的格调。

6.1.2 门窗的要求

1）门窗的基本要求

①作为围护结构构件时，要求门窗的材料、构造和施工质量均应满足保温、隔热、隔声、防风沙、防雨淋等。

②作为交通设施和采光通风等构件时，门窗的设置位置、开启方式、开启方向等应力求满足方便简捷、少占面积、开关自如和减少交叉等要求。

③起美观作用时，要求门的大小、形状、色彩等与窗协调，共同体现建筑风格。

2）门窗洞口尺寸与编号

（1）门洞口尺寸与编号

①门洞口高度：考虑到人平均高度和搬运物体的需要，一般将民用建筑的门洞高度定为2 000 mm。为满足采光要求，可在门上设置采光窗，俗称亮子，门高度为2 400，2 700，3 000，3 300 mm。

②门洞口宽度：门的宽度要根据人流量、搬运物体的起码尺寸来考虑。一般门洞宽度：单扇为750，900，1 000 mm；双扇为1 200，1 500，1 800 mm；多扇为2 400，2 700，3 000 mm。

③门的编号：关于门的编号，各地区都有相应的图集可供参考，现结合《西南地区建筑标准设计通用图》介绍常用木门（西南J611）中的编号及意义。木门类别及代号见表6.1所示。

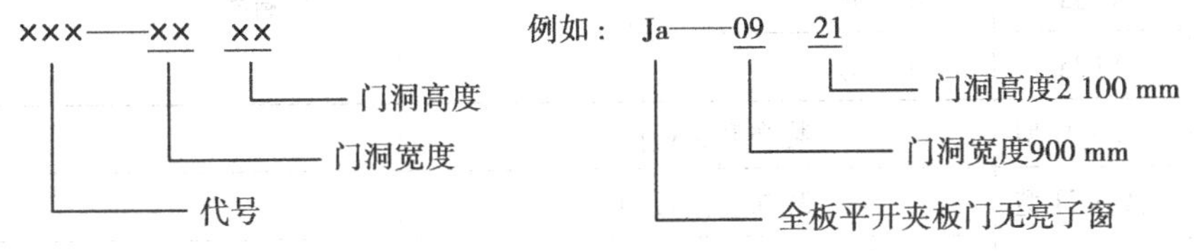

表6.1　木门类别及代号表

类别	开启方向	门型代号	名　称		适用部位
夹板	平开	J	全板平开夹板门	有亮子窗	内墙房间
		Ja		无亮子窗	
		YJ	百叶平开夹板门	有亮子窗	需通风换气常关闭的房间
		YJa		无亮子窗	
		DJ	带玻平开夹板门	有亮子窗	内墙房间
		DJa		无亮子窗	
		PJ	半玻平开夹板门	有亮子窗	隔墙、走道墙
		PJa		无亮子窗	
		BJ	全玻平开夹板门	有亮子窗	隔墙、走道墙
		BJa		无亮子窗	
		CDJ	带窗带玻夹板门		隔墙、走道墙
		CPJ	带窗半玻夹板门		隔墙、走道墙

续表

类别	开启方向	门型代号	名　称		适用部位
夹板	弹簧	TJ	半玻弹簧夹板门	有亮子窗	需经常关闭的通道和房间
		TJa		无亮子窗	
		QJ	全玻弹簧夹板门	有亮子窗	
		QJa		无亮子窗	
	折叠	ZJa	全　板	夹板折叠门	
		ZYJa	百　叶		需通风换气常关闭的房间
		ZDJa	带　玻		灵活隔墙
		ZPJa	半　玻		
		ZBJa	全　玻		
		ZJ	全板有高窗		村镇营业店铺
	推拉	VJa	全　板	夹板推拉门	
		VYJa	百　叶		需通风换气常关闭的房间
		VDJa	带　玻		灵活隔墙
		VPJa	半　坡		
		VBJa	全　坡		
	平开	A 型—M 型	装饰型夹板门扇		
镶板	平开	A 型—M 型	装饰型镶板门扇		
		X	全板平开镶板门	有亮子窗	内墙房间
		Xa		无亮子窗	
		YX	百叶平开镶板门	有亮子窗	需通风换气常关闭的房间
		YXa		无亮子窗	
		DX	带玻平开镶板门	有亮子窗	内墙房间
		DXa		无亮子窗	
		PX	半玻平开镶板门	有亮子窗	隔墙、走道墙
		PXa		无亮子窗	
		BX	全玻平开镶板门	有亮子窗	隔墙、走道墙
		BXa		无亮子窗	
		CDX	带窗带玻镶板门		隔墙、走道墙
		CPX	带窗半玻镶板门		隔墙、走道墙

续表

类别	开启方向	门型代号	名　称		适用部位
镶板	弹簧	TX	半玻弹簧镶板门	有亮子窗	需经常关闭的通道和房间
		TXa		无亮子窗	
		QX	全玻弹簧镶板门	有亮子窗	
		QXa		无亮子窗	
	折叠	ZXa	全　板	镶板折叠门	营业店铺房
		ZYXa	百　叶		
		ZDXa	带　玻		内墙灵活隔墙
		ZPXa	半　玻		
		ZBXa	全　玻		
		ZX	全板有高窗		村镇营业店铺
	推拉	VXa	全　板	镶板推拉门	内外墙房间
		VYXa	百　叶		需通风换气常关闭的房间
		VDXa	带　玻		活动隔墙
		VPXa	半　玻		
		VBXa	全　玻		
	平开	GM_1—GM_3	异形装饰门		二装厅堂、外墙

(2)窗洞口尺寸与编号

①窗洞口尺寸:窗洞口尺寸的确定,取决于采光系数。采光系数又称为窗地比,即采光面积与房间地面面积之比。不同房间根据使用功能的要求,有不同的采光系数,如:居室为1/8~1/10,医院为1/3~1/5,教室为1/4~1/5,会议室为1/6~1/8,走廊、储藏室、楼梯间为1/10以下。

②窗的编号:关于窗的编号,各地区都有相应的图集可供参考,现结合国家建筑标准设计《铝合金门窗》(02J603—1)中的编号及意义。铝合金基本门窗代号见表6.2。

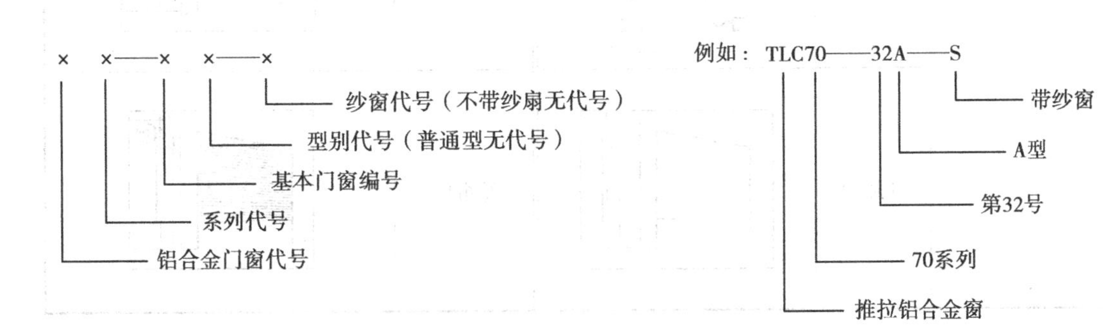

表 6.2　铝合金基本门窗代号表

门	名　称	平开门		推拉门		地弹簧门	
	代　号	PLM		TLM		LDHM	
窗	名　称	固定窗	平开窗	滑轴平开窗	上悬窗	推拉窗	纱扇
	代　号	GLC	PLC	HPLC	SLC	TLC	S

6.1.3　门窗的分类

根据门窗的材料和开启方式分类，见表 6.3。各类门窗如图 6.1、图 6.2 所示。

表 6.3　常见门窗类型表

分类方式	门窗类型			
按材料分类	木门窗	钢门窗	铝合金门窗	塑料门窗
按开启方式分类	平开门		弹簧门	
	推拉门		旋转门	
	折叠门		上翻门	
	升降门		卷帘门	

续表

分类方式	门窗类型			
按材料分类	木门窗	钢门窗	铝合金门窗	塑料门窗
按开启方式分类	平开窗	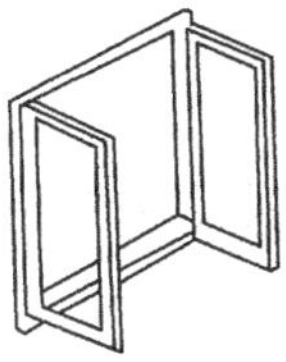	悬　窗	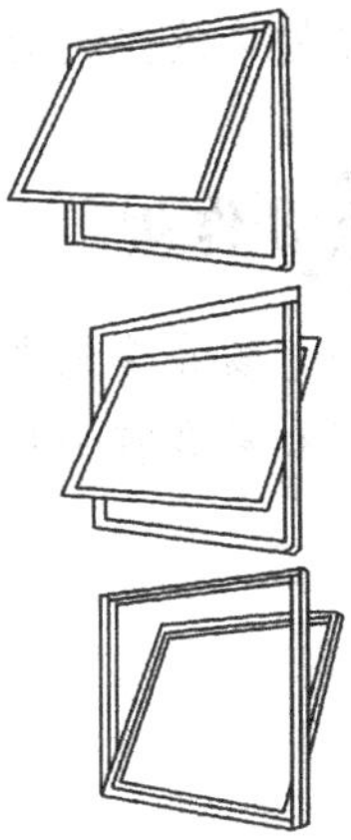
	立转窗	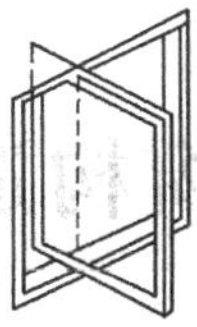	固定窗	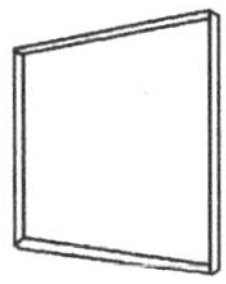
	百叶窗	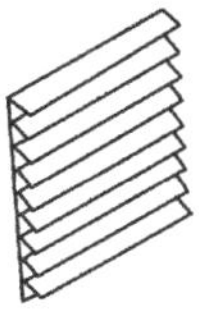	推拉窗	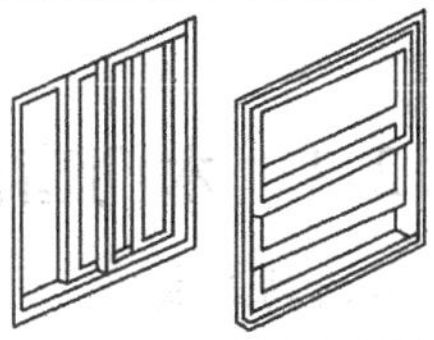

阅读理解

(1)木门窗。它是我国制作门窗的传统材料,具有制作方便、价格较低、密封性较好、装饰效果好等优点;但具有不防火、耐久性差、变形大、维修费用高、木材耗用量大等缺点。在民用建筑的室内装饰中,木门是首选。

(2)钢门窗。它具有强度高、坚固耐久、防火性好、透光率高等优点;但具有自重大、保温隔热性能差、易锈蚀、耗钢大等缺点。它曾经是代替木门窗的最佳选择,目前许多城市已经禁止和限制钢门窗在民用建筑中使用。故在本书不做介绍。

(3)铝合金门窗。它具有质量轻、耐久性好、不生锈、外形美观、开启方便等优点;但有成本较高、制作技术比较复杂、容易产生噪声等缺点。现在科学技术发展后,成本降低,铝合金门窗被广泛使用。

(4)塑钢门窗。它具有质量轻、不生锈、密闭性好、外形美观、开启方便等优点;但制作技术比较复杂。它是一种新型节能材料,大力发展和扩大应用塑钢门窗将会产生显著的经济效益和社会效益,对促进国民经济的发展具有十分重要的意义。

目前还有不锈钢门窗,它具有很好的装饰性,但成本高。

观察思考

1. 结合实际,举例本地区常见门窗的类型。
2. 本地区这些类型的门窗有什么要求以及它们的适用范围是什么?

练习作业

1. 门与窗在建筑中的作用是什么?
2. 门和窗各有哪几种开启方式?它们各有何特点及适用范围是什么?

6.2 木门窗构造

6.2.1 木门窗的组成

1) 木门的组成

平开木门一般由门框、门扇、亮子、五金零件及其附件组成。木门框由上框、边框、中横框、中竖框组成,一般不设下框。门扇按其构造方式不同,有镶板门、夹板门、拼板门、玻璃门和纱门等类型。亮子又称腰头窗,在门上方,为辅助采光和通风之用,有平开、固定及上悬、中悬和下悬几种。附件有贴脸板、筒子板等。木门的组成如图6.1所示。

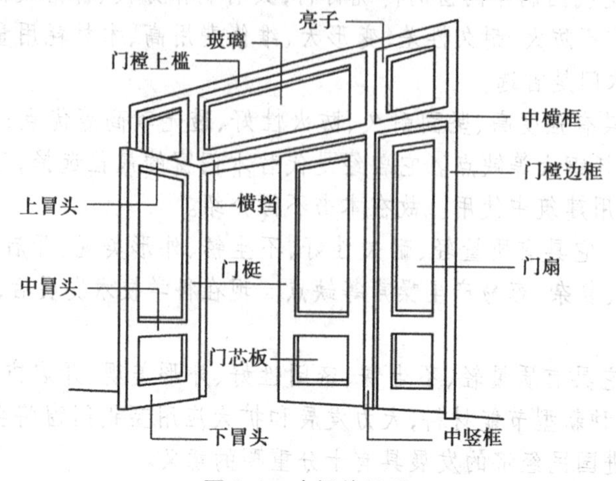

图6.1 木门的组成

2)木窗的组成

木窗主要由窗框、窗扇、五金零件等部分组成。窗框由上框、下框、边框、中横框、中竖框组成;窗扇由边梃,上、下冒头和窗芯等组成。根据不同要求还有贴脸板、窗台板、筒子板、窗帘盒等附件。木窗的组成如图6.2所示。

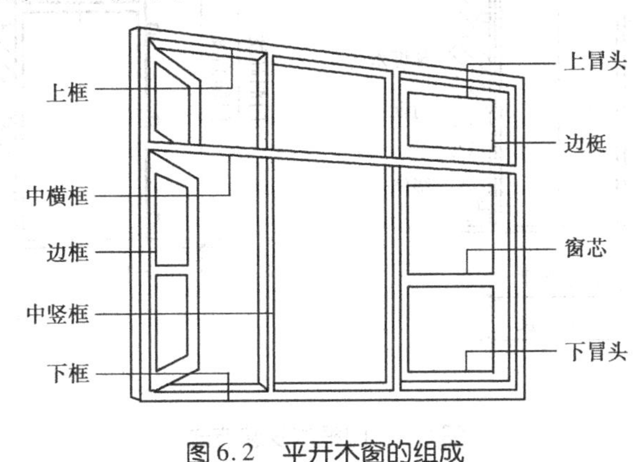

图6.2 平开木窗的组成

6.2.2 木门的构造

1)门框

门框一般由两根竖直的边框和上框(又称上冒头)组成。当门带有亮子时,还有中横框,多扇门还有中竖框,有保温、防风、防水和隔声要求的门应设下槛。

(1)门框断面 门框的断面形式与门的类型、层数有关,同时应利于门的安装,并应具有一定的密闭性,如图6.3所示。

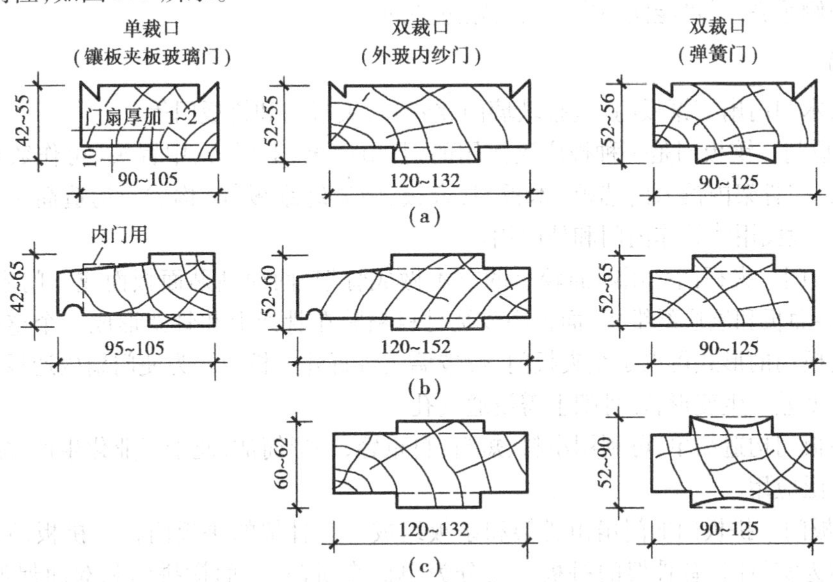

图6.3 门框的断面形式与尺寸

(a)边框;(b)中横框;(c)中竖框

(2)门框安装　根据施工方式,门框的安装分塞口法和立口法两种,如图6.4所示。

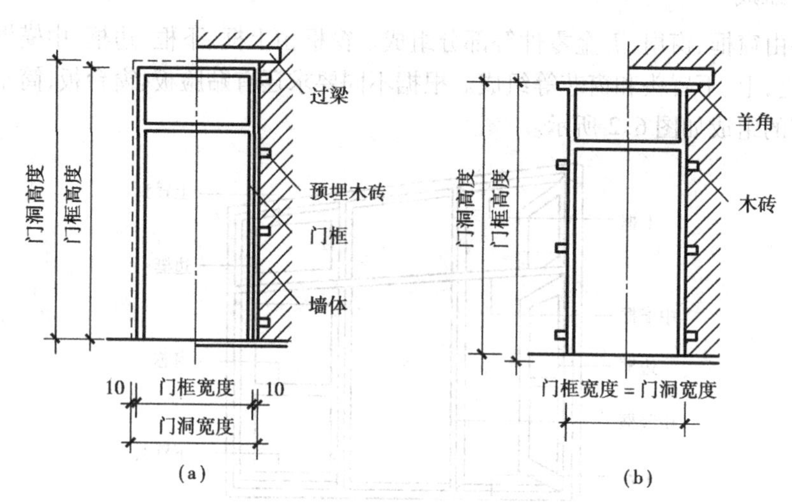

图6.4　门框的安装方式

(a)塞口;(b)立口

①塞口法:在墙砌好后再安装门框,砌墙时预留门洞口的宽度和高度分别应比门框宽出20~30 mm,高出10~20 mm。门洞两侧砌砖时每隔500~700 mm预埋1块防腐木砖,之后将门框塞入洞口内,用铁钉把门框钉在木砖上。

②立口法:在砌墙前先将门框临时固定立好,然后砌墙。为此要求门的上框两端留出120 mm长的木段(俗称羊角或走头),砌墙时在边框外侧每隔500~700 mm高设置1块防腐木砖,用铁钉把门框钉在木砖上。

(3)门框在墙中的位置　门框在墙中的位置,可在墙的中间或与墙的一边平。一般多与开启方向一侧平齐,尽可能使门扇开启时贴近墙面。

2)门扇

常用的木门门扇有镶板门(包括玻璃门、纱门)、夹板门和拼板门等。

(1)镶板门　镶板门是一种被广泛使用的门,由边梃、上冒头、中冒头(可作数根)和下冒头组成骨架,在骨架内镶入门芯板(木板、胶合板、硬质纤维板等)构成。构造简单、加工制作方便,适于一般民用建筑作内门和外门用。

(2)夹板门　夹板门是用断面较小的方木做成骨架,两面粘贴面板而成。门扇面板可用胶合板、塑料面板和硬质纤维板,面板用胶结材料粘贴在骨架上和骨架形成一个整体,共同抵抗变形。夹板门的形式可以是全夹板门、带玻璃或带百叶夹板门。为使门扇内通风干燥,避免因内外温湿度差产生变形,在骨架上需设通气孔。

由于夹板门构造简单,可利用小料、短料,自重轻,外形简洁,便于工业化生产,故在一般民用建筑中广泛应用。

(3)拼板门　拼板门的门扇由骨架和条板组成。有骨架的拼板门称为拼板门,而无骨架的拼板门称为实拼门;有骨架的拼板门又分为单面直拼门、单面横拼门和双面保温拼板门3种。其做法类似于镶板门。

3)五金零件

木门所用的五金有合页、拉手、弹子锁、执手、碰头等。

6.2.3 木窗的构造

1)窗框

窗框由边框、上下框(冒头)、中横框、中竖框组成。窗框四周内侧在构造上应有裁口及背槽处理,使窗扇能紧靠窗框。

窗框的安装与门框的安装相同,分塞口法与立口法两种。塞口时洞口的高、宽尺寸应比窗框尺寸大10~20 mm。窗框在墙中的位置,一般是与墙内表面平,安装时窗框突出砖面20 mm,以便墙面粉刷后与抹灰面平。框与抹灰面交接处,应用贴脸板搭盖,以阻止由于抹灰干缩形成缝隙后风透入室内,同时可增加美观。贴脸板的形状及尺寸与门的贴脸板相同。当窗框立于墙中时,应内设窗台板,外设窗台。窗框外平时,靠室内一面设窗台板。

2)窗扇

窗扇由边梃,上、下冒头和窗芯等组成。边梃、冒头的断面尺寸一般为40 mm×60 mm,窗芯断面尺寸为40 mm×30 mm,在边梃、冒头和窗芯的外侧铲出宽10 mm,深12~15 mm的铲口,以便安装玻璃。窗玻璃一般是用油灰镶嵌。为避免风和雨水流入室内,在下冒头设披水条,窗扇间的接缝处做成高低缝,并在一侧或两侧加钉压缝条,以提高密封性。窗扇与窗框一般用铰链连接。平开木窗的构造如图6.5所示。

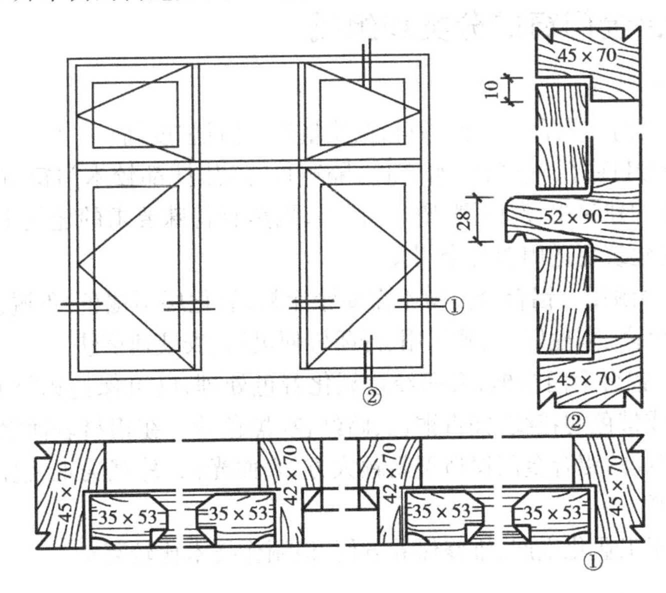

图6.5 平开木窗的构造

3)五金零件

平开木窗的五金零件有铰链、插销、风钩、拉手等。

观察思考

1. 结合本地区实际举例分析木门窗的类型和组成。
2. 选用一种常见的木门窗并进行构造组成分析。

练习作业

1. 绘图说明平开木窗、木门的构造组成。
2. 安装木窗框的方法有哪些？各有什么特点？

6.3 铝合金门窗构造

6.3.1 铝合金门窗的分类和组成

1）铝合金门窗的特点

（1）质量轻、强度高　铝合金门窗用料省、质量轻，并且强度高。

（2）性能好　密封性好，气密性、水密性、隔声性、隔热性都较木门窗有显著的提高。因此，在装设空调设备的建筑中，对防潮、隔声、保温、隔热有特殊要求的建筑中，以及多台风、多暴雨、多风沙地区的建筑更适用铝合金门窗。

（3）耐腐蚀、坚固耐用　铝合金门窗不需要涂涂料，氧化层不褪色、不脱落，表面不需要维修。铝合金门窗强度高、刚性好、坚固耐用、开闭轻便灵活、安装速度快。

（4）色泽美观　铝合金门窗框，表面经过氧化着色处理，既可保持铝材的银白色，也可以制成各种柔和颜色或带色的花纹，如古铜色、暗红色、黑色等。在铝材表面涂刷一层聚丙烯酸树脂保护装饰膜，制成的铝合金门窗造型新颖大方、表面光洁、外观美观、色泽牢固，增加了建筑立面和内部的美观。

铝合金门窗便于工业化生产，维修保养方便，但制作技术比较复杂。

2）铝合金门窗的分类

铝合金门窗的类型很多，各种类型的门窗都是用不同断面型号的材料加工制作而成。铝合金门窗一般按门窗框的厚度构造尺寸来作为各种铝合金门窗的称谓，如平开门门框厚度构造尺寸为70 mm宽，即称为70系列铝合金平开门；推拉窗窗框厚度构造尺寸为90 mm宽，即称为90系列铝合金推拉窗等。常见铝合金门窗类型见表6.4及图6.6所示。

表6.4 常见铝合金门窗类型表

分类方式		门窗类型						
门	开启形式分	平开铝合金门			推拉铝合金门		铝合金弹簧门	
	型材系列分	50 系列	55 系列	70 系列	70 系列		70 系列	100 系列
窗	开启形式分	开平铝合金窗		推拉铝合金窗				
	型材系列分	50 系列	70 系列	55 系列	60 系列	70 系列	90 系列	90-I 系列

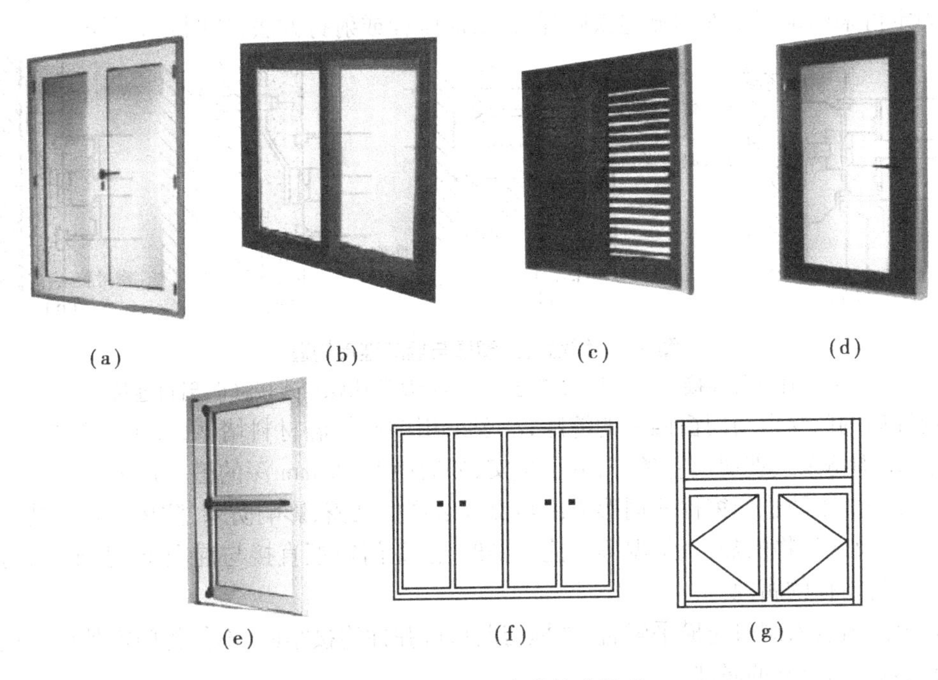

图6.6 铝合金门窗的构造组成

(a)铝合金平开窗;(b)铝合金推拉窗;(c)铝合金百叶窗;

(d)铝合金门;(e)铝合金逃生门;(f)90 系列铝合金推拉窗;(g)50 系列铝合金平开窗

铝合金门窗设计通常采用定型产品,选用时应根据不同地区、不同气候、不同环境、不同建筑物的不同使用要求,选用不同的门窗框系列。

3)铝合金门窗的组成

铝合金门窗由门窗框、门窗扇、密封条、连接件和五金等组成。

观察思考

组织参观各种类型的铝合金门窗,思考各类铝合金门窗的特点和组成。

小组讨论

讨论参观的这些铝合金门窗的组成。

6.3.2 铝合金门窗的构造

铝合金门窗是用表面处理过的铝材，经下料、打孔、铣槽、攻丝等加工制作成门窗框的构件，然后与连接件、密封件、开闭五金件一起组合装配成门窗，如图6.6所示。

1）门窗框安装

门窗框安装时，将门、窗框在抹灰前立于门窗洞处，与墙内预埋件对正，然后用木楔将三边固定，经检验确定门、窗框水平、垂直、无挠曲后，用连接件将铝合金框固定在墙（柱、梁）上。连接件固定可采用预埋铁件和燕尾铁脚焊接，膨胀螺栓或射钉方法，如图6.7所示。

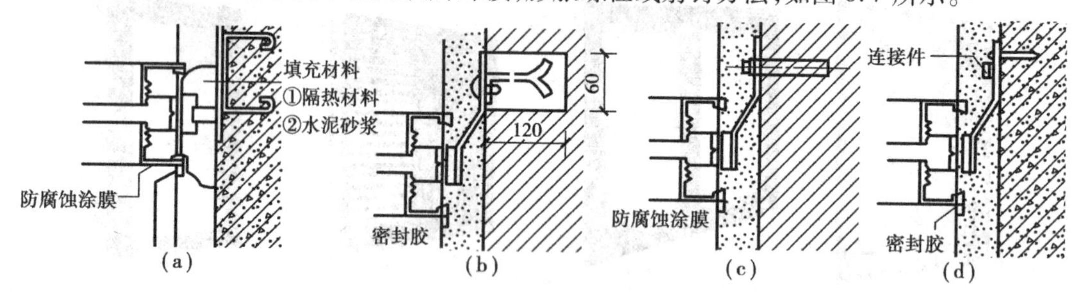

图6.7 铝合金门窗框与墙的连接构造

(a)预埋铁件连接；(b)燕尾铁脚连接；(c)金属膨胀螺栓连接；(d)射钉连接

固定好后的门窗框与门窗四周的缝隙，一般采用软质保温材料堵塞，如泡沫塑料条、泡沫聚氨酯条、矿棉毡条或玻璃丝毡条等，分层填实，外表面5~8 mm深的槽口用密封膏密封。这种做法主要是为了防止门窗框四周形成冷热交换区产生结露，影响防寒、防风的正常功能和墙体的寿命，以及建筑物的隔声、保温等功能。同时，避免门窗框直接与混凝土、水泥砂浆接触，消除了碱对门窗框的腐蚀。

铝合金门窗装入洞口应横平竖直，外框与洞口应弹性连接牢固，不得将门窗外框直接埋入墙体，防止碱对门窗框的腐蚀。

门窗框与墙体等的连接固定点，每边不得少于两点，且间距不得大于0.7 m，在基本风压值大于0.7 kPa的地区，间距不得大于0.5 m；边框端部的第一固定点与端部的距离不得大于0.2 m。

2）玻璃安装

（1）门窗玻璃的安装要求

①门窗玻璃安装应按门窗扇的内口实际尺寸，合理计算用料。裁割玻璃应按不同系列门窗玻璃的规格、尺寸，分类堆放整齐，底面应垫实、垫平。

②安装玻璃时，当单块玻璃面积尺寸较小时，应以手工就位安装；当玻璃面积尺寸较大时，可采用专用玻璃吸盘将玻璃就位，要求就位玻璃内外两侧的间隙不应少于2 mm。

③铝合金门窗玻璃安装的封密与固定方法，一般有如下3种：

a.采用橡胶条挤紧，然后在胶条上面注入硅酮系列进行封胶。

b.用20 mm左右长的橡胶块将玻璃挤住，然后注入硅酮系列封存胶。注胶时要求使用的胶枪位置、角度应准确，使注胶表面均匀、光滑，注入的深度应小于5 mm。

c.采用橡胶压条封缝时，挤紧即可达到牢固，表面无需再注胶。

(2)铝合金门窗玻璃安装时的注意事项

①玻璃下部不能直接坐落于金属面上，应用厚度为3 mm的氯丁橡胶导体将玻璃垫起，使玻璃以柔性和弹性与金属框相接触，以防在自重、风压和开关等外力作用下发生碎裂。

②为保证密封条具有气密、水密、隔声的作用，并防止受气温影响和阳光照射后，发生收缩、老化、变形和脱落等现象，在使用密封条时，不允许在拉伸状态下工作，应保持在自由状态下进行安装；要求密封条比门窗的内边长20～30 mm，在转角处斜面断开，用胶粘剂粘贴牢固，并留有足够的收缩余量。

③铝合金门窗的玻璃安装完成后(在交工前)，为防止铝合金表面腐蚀，应将表面的包装塑料胶纸撕掉，当塑料胶纸在其表面留有胶痕或其他污物时，可用单面刀刮除或用橡胶水或丙酮液清理干净，并用布轮打磨光亮。

(3)玻璃　窗扇玻璃通常用5 mm厚玻璃，有茶色镀膜、普通透明玻璃等。一般古铜色铝合金型材窗配茶色玻璃，银白色铝合金型材配透明玻璃、宝石蓝或海水绿玻璃。

(4)密封材料　窗扇与玻璃的密封材料有塔型橡胶封条和玻璃胶两种。这两种材料不但具有密封作用，而且兼有固定材料的作用。

在安装窗扇玻璃时，先要检查玻璃尺寸，通常，玻璃尺寸长宽方向均比窗扇内侧长宽尺寸大25 mm。然后，从窗扇一侧将玻璃装入窗扇内侧的槽内，并紧固连接好边框。

小组讨论

1. 通过观察铝合金门窗，总结该门窗的组成部分。
2. 分析讨论所参观的铝合金门窗各部分的构造连接。

练习作业

1. 铝合金门窗有哪些特点？
2. 铝合金门窗的安装要点是什么？

6.4 塑钢门窗构造

6.4.1 塑钢门窗的分类和组成

1)塑钢门窗的特点

(1)质量轻　塑钢门窗用料省、质量轻。

(2)性能好　密封性好，气密性、水密性、隔声性、隔热性都较木门窗有显著的提高。因此，在装设空调设备的建筑中，对防潮、隔声、保温、隔热有特殊要求的建筑中，以及多台风、多暴雨、多风沙地区的建筑更适用塑钢门窗。

(3)耐腐蚀、坚固耐用　塑钢门窗不需要涂涂料，表面不需要维修。塑钢门窗坚固耐用，开闭轻便、灵活，无噪声，安装速度快。

(4)防火性能　塑钢门窗型材具有不自燃、不助燃、离火自熄的特点。

(5)色泽美观　塑钢门窗框料型材，表面经过着色处理，既可保持型材的银白色，也可以制成各种柔和颜色或带色的花纹，如古铜色、暗红色、黑色等。塑钢门窗造型新颖大方、表面光洁、外观美观、色泽牢固，增加了建筑立面和内部的美观。

2)塑钢门窗的类型

常见塑钢门窗类型见表6.5。

表6.5　常见塑钢门窗类型表

分类方式		门窗类型				
门	结构方式	落地窗式门	半玻门	板式门	拼板门	整板门
门	开启方式	平开门	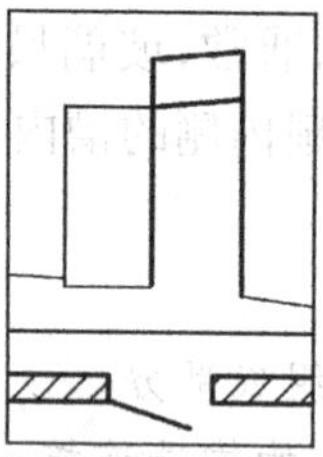	推拉门	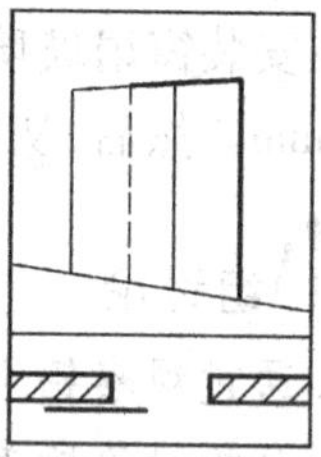	
门	开启方式	弹簧门	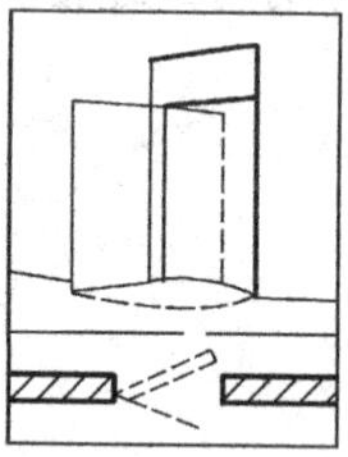	折叠门	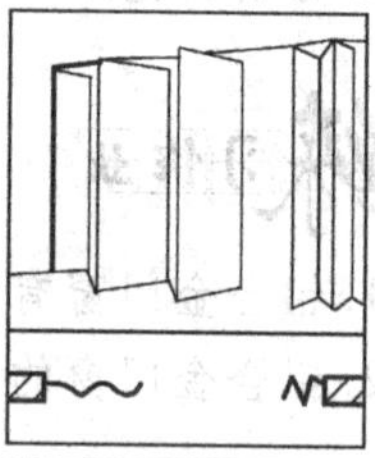	
窗	开启方式	平开窗	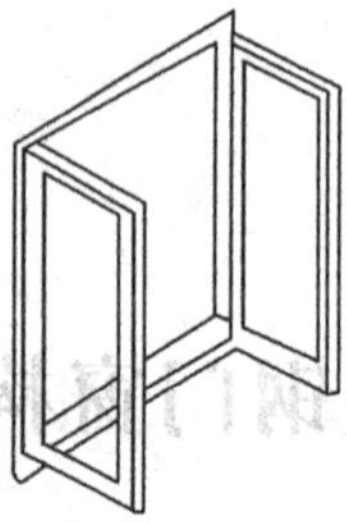	推拉窗	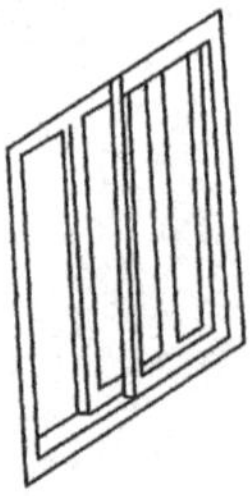	
窗	开启方式	旋转窗	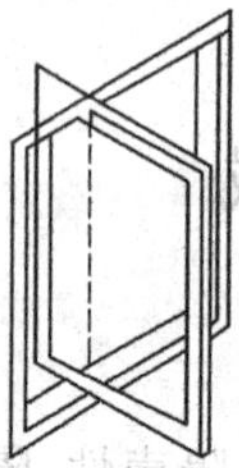	固定窗	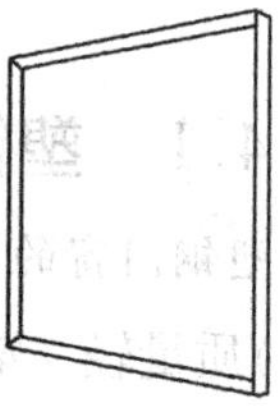	

续表

分类方式		门窗类型			
窗	开启方式	百叶窗			

3)塑钢门窗的组成

塑钢门窗由主型材、辅助型材组成。主型材有:门窗框、门窗扇;辅助型材有:密封条和玻璃条、拼接型材、排水型材、五金配件等。

6.4.2 塑钢门窗的构造

1)门窗框的安装

门窗框在墙体洞口中的连接与固定方法有3种。

(1)固定片连接法　将固定片的一端卡入塑钢门、窗框的燕尾槽中,用ST 4×20 mm的自攻螺钉将固定片拧紧在门窗框内的钢衬上,固定片的另一端固定在墙上。

(2)膨胀螺钉直接固定法　用膨胀螺钉直接穿过门窗框将框固定在墙体或地面上,这种方法适宜在门框、阳台封闭窗框、隔断内墙以及墙体厚度在60~80 mm的隔热夹芯钢板的窗框固定时使用。

(3)副框法　做一个与塑钢门窗框配套的"π"形、3 mm厚的镀锌铁皮金属框,先将其安装在洞口上,待内外墙抹灰装修完毕后,再进行安装塑钢门窗框的工作。安装时将门窗框放入洞口,靠住金属框后用自攻螺钉将门窗框固定在金属框上。将旧木门窗改为塑钢门窗时,也可保留旧木门窗框,直接将塑钢门窗固定上(不必另做金属框)。

2)洞口间隙中装填充材料

利用木楔垫块将框临时定位在洞口中的正确位置后,虽然固定片已全部钉在洞壁上,但还需要向间隙中填充材料使门窗框在洞口中不发生位移。传统做法是用水泥砂浆充填,目前有用聚氨酯发泡密封胶进行填充,使门窗框永久保持正确位置。

练习作业

1. 塑钢门窗有哪些特点?
2. 塑钢门窗的安装要点是什么?

阅读理解

(1)彩色涂层钢板门窗,是采用0.7~1 mm的彩色涂层钢板在液压自轧机上轧制而成,它不仅具有金属门窗质轻、密封性能好、装饰效果好等特点,还可以满足型材复杂断面的需要,且加工精度高。

(2)防火门,是根据高层建筑的消防要求,具有特殊功能,与烟感、自动报警装置配套使用。按材质可分为钢质防火门、复合玻璃防火门和木质防火门。

(3)卷帘门,是商业建筑广泛应用的一种门,它具有造型美观新颖、结构紧凑先进、操作简便、坚固耐用、刚性强、密封性好、启闭灵活方便,防风、防尘、防火、防盗的特点。

(4)异型材拉闸门,一般采用镀锌钢板或不锈钢板经机械滚压工艺加工而成。它由空腹式双排列槽型轨道,配以优质工程塑料制作的滑轮,单列向心球轴承等零配件组合而成。它造型新颖、外形平整美观、结构紧凑、刚性强、耐腐蚀、开关轻巧省力,设有明暗锁控制和三锁钩保险,具有防盗功能。

6.5 遮阳设施的构造

1)遮阳设施的作用

遮阳设施是为防止阳光直射到室内,使房间内温度过高并产生眩光,从而影响人们正常生活和工作而采取的一种建筑措施。

2)遮阳设施的类型

遮阳设施包括绿化和遮阳设施两个方面。绿化遮阳一般是在房屋附近种植树木或棚架攀缘植物;遮阳设施则是利用构配件来遮阳,如设置遮阳板,或利用阳台、外廊、凹廊、侧墙等来达到遮阳的目的。

3)遮阳板的基本形式

遮阳板的基本形式见表6.6及图6.8所示。

表6.6 遮阳板基本形式

基本形式	特 点	适用范围
水平遮阳	遮挡高度角较大,从窗口上方直射的阳光	南向及接近南向的窗口
垂直遮阳	遮挡高度角较小,从窗口两侧斜射的阳光	偏东、偏西的南或北向窗口
综合遮阳	高度角较小,从窗口侧面斜射的阳光	东南、西南向的窗口
挡板遮阳	高度角较小,正射窗口的阳光	东、西向的窗口

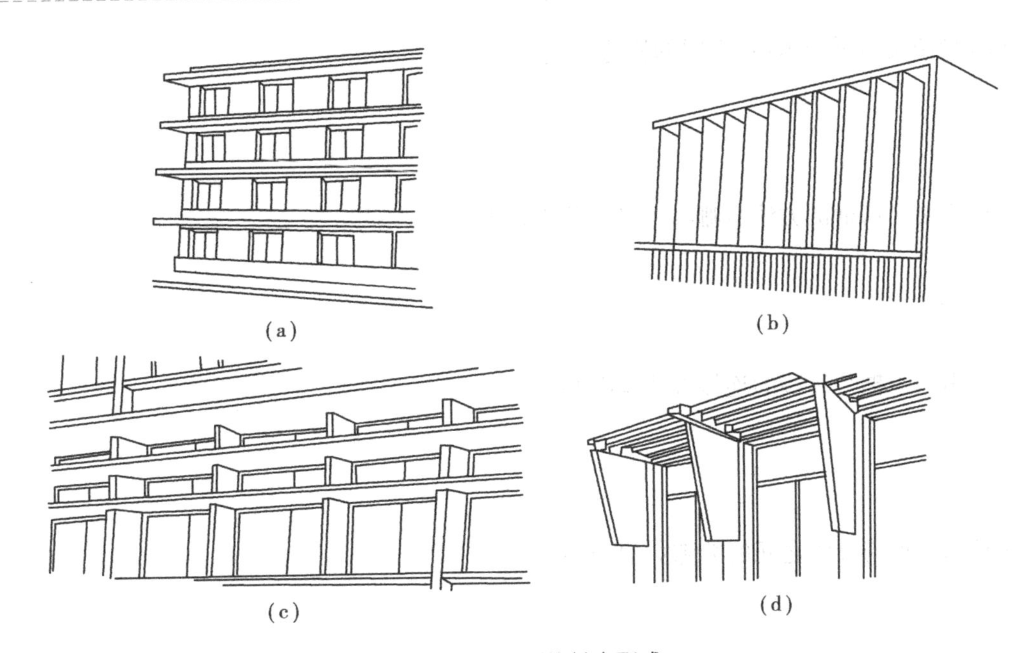

图 6.8　遮阳板的基本形式

(a)水平式遮阳;(b)垂直式遮阳;(c)综合式遮阳;(d)挡板式遮阳

小组讨论

本地区常用的遮阳设施有哪些基本形式?

练习作业

试述遮阳设施的类型。

学习鉴定

1. 填空题

(1)木门窗的安装方法有________和________两种。

(2)窗的作用是________、________和________。

2. 问答题

(1)门和窗各有哪几种开启方式?它们各有何特点及适用范围是什么?

(2)绘图说明平开木窗、木门的构造组成。

(3)安装木窗框的方法有哪些？各有什么特点？

(4)木门窗框与砖墙的连接方法有哪些？

(5)门窗框与墙体之间的缝隙如何处理？

(6)铝合金门窗和塑钢门窗有哪些特点？

(7)铝合金门窗和塑钢门窗的安装要点是什么？

(8)门和窗是如何分类的？

见本书附录或光盘。

7 屋　顶

本章内容简介

屋顶的分类

常用平屋顶的构造做法及要求

常用坡屋顶的构造做法及要求

本章教学目标

熟练识别屋顶的类型

掌握常用屋顶的构造知识

熟悉屋顶排水方式和坡屋顶的构造知识

熟悉平屋顶的构造和做法

问题引入

屋顶是整个建筑物外部形体的重要组成部分，起着阻挡风、雨、雪、太阳辐射等作用，那么屋顶有哪些类型？它们的构造是怎样的呢？下面我们一起去了解屋顶。

7.1 概 述

屋顶位于房屋的最上部，覆盖着整个建筑。屋顶起着阻挡风、雨、雪、太阳辐射，抵御酷热、严寒的围护作用，又起着承受屋顶上各种荷载及自重作用，并把这些荷载传递给墙和柱的支撑作用。此外，屋顶是整个建筑物外部形体的重要组成部分，屋顶的形式很大程度上影响着建筑的整体造型，在设计中应注重屋顶的建筑艺术效果，同时具有足够的强度、刚度和稳定性，特别是防水排水的要求，还应做到自重轻、构造简单、施工方便、造价便宜。

7.1.1 屋顶的要求与组成

1）屋顶的要求

①屋顶起围护作用，要求具有良好的防水、保温、隔热和抵抗侵蚀的功能，能起到防水、排水、保温、隔热的作用。其中防止雨水渗漏是屋顶的基本功能要求，也是屋顶设计的核心。

②屋顶起承重作用时，要求具有足够的强度、刚度和稳定性，能承受风、雨、雪、施工、上人等荷载，地震区还应考虑地震荷载对它的影响，满足抗震要求，并力求做到自重轻、构造简单、就地取材、施工方便、造价便宜、便于维修。

③满足人们对建筑艺术即美观方面的需求。屋顶是建筑造型的重要组成部分，应注重屋顶的建筑艺术效果和整体建筑造型风格的协调。

小组讨论

1. 屋顶的作用是什么？
2. 屋顶应满足什么要求？

2）屋顶的组成

屋顶是由防水和承重构件组成。按不同的设计要求和构造做法，设置不同的层次，主要由防水层、承重层、保温或隔热层和顶棚4部分组成。有时由于构造要求可增设找平层、找坡层、隔气层等。

（1）防水层　防水层是用来保证屋面不渗漏，不影响使用，因此要求所用材料应有较好的防水性能，并具有一定的强度和耐久性。

（2）保温或隔热层　为保证建筑物具有良好的室内环境，所设置的构造层、保温层应选用

轻质、导热系数小的材料;隔热层应根据建筑功能的不同而合理地选用构造处理方法。

(3)承重层　屋顶承重结构用以承受屋顶的全部荷载,为保证建筑物坚固耐久,结构形式的选择应具有足够的强度和刚度。

(4)顶棚层　顶棚是最上层房间的顶面、屋顶最下层的一种构造设施,设置顶棚可使房屋天棚平整、美观、清洁。根据屋顶形式及使用功能的要求采用直接式顶棚或悬吊式顶棚。

观察思考

1. 屋顶构造层次的设置与什么有关?
2. 本地区常见的屋顶由哪些构造层次组成?

7.1.2　屋顶的类型

屋顶按采用的材料和结构类型不同,一般分为平屋顶、坡屋顶和其他形式屋顶3大类。

1)平屋顶

平屋顶通常是指排水坡度小于5%的屋顶,常用坡度为2%~3%,如图7.1所示。平屋顶是目前应用最广泛的一种屋顶形式,它具有构造简单、施工方便、节省材料、扩大建筑空间等优点,但平屋顶排水较慢,积水机会多,容易产生渗漏现象,并且平屋顶在建筑造型方面受到限制,现多用斜板挑檐(又称装饰檐)和女儿墙等作为造型变化的手段,如图7.2所示。

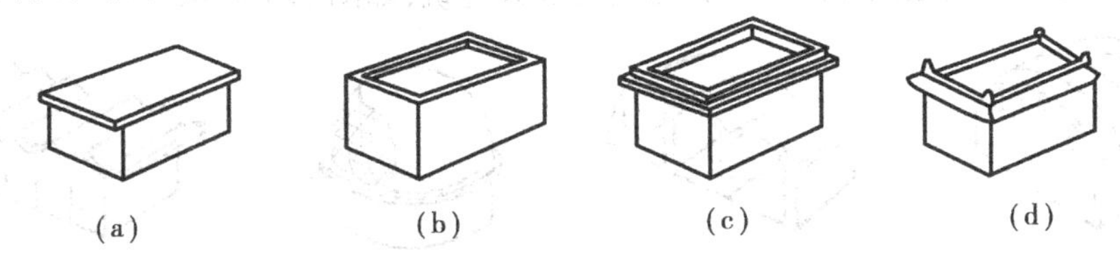

图7.1　平屋顶的形式

(a)挑檐;(b)女儿墙;(c)挑檐女儿墙;(d)盝(盒)顶

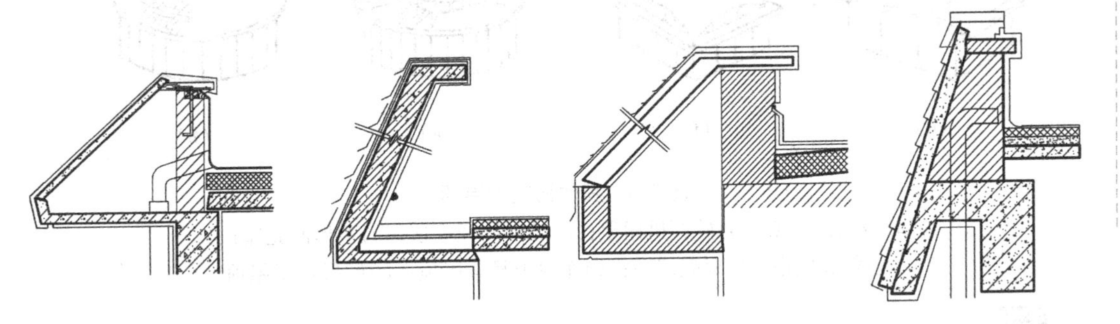

图7.2　平屋顶的斜板挑檐

2)坡屋顶

坡屋顶通常是指坡度较陡的屋顶,其坡度一般大于10%。坡屋顶是我国传统的建筑屋顶形式,在民用建筑中应用非常广泛,城市建设中某些建筑为满足景观或建筑风格的要求也常采用。常见的几种坡屋顶形式如图 7.3 所示。

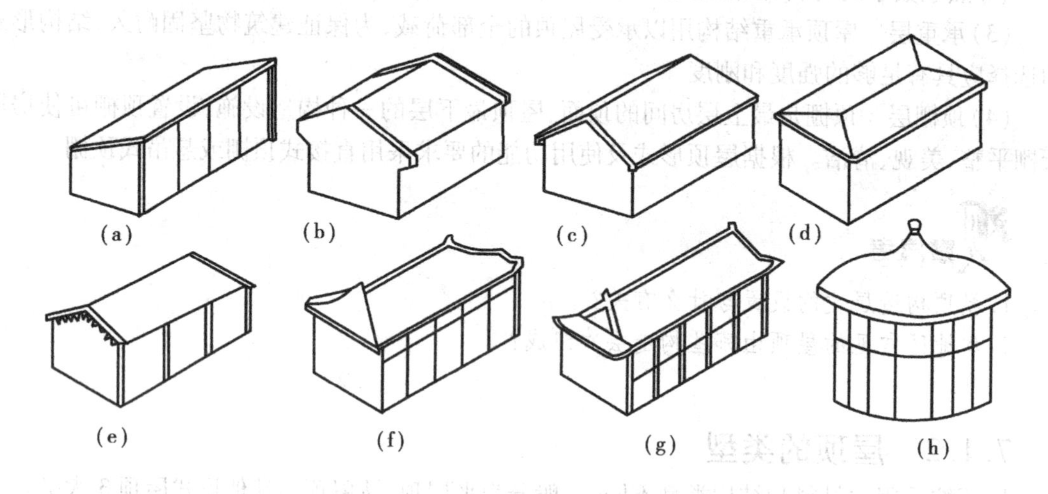

图 7.3　坡屋顶的形式

(a)单坡顶;(b)硬山两坡顶;(c)悬山两坡顶;(d)四坡顶;
(e)卷棚顶;(f)庑殿顶;(g)歇山顶;(h)圆攒尖顶

3)其他形式的屋顶

随着科学技术的发展,出现了许多新型的屋顶结构形式,如拱结构、薄壳结构、悬索结构、网架结构屋顶等。这类屋顶多用于较大跨度的公共建筑,如图 7.4 所示。

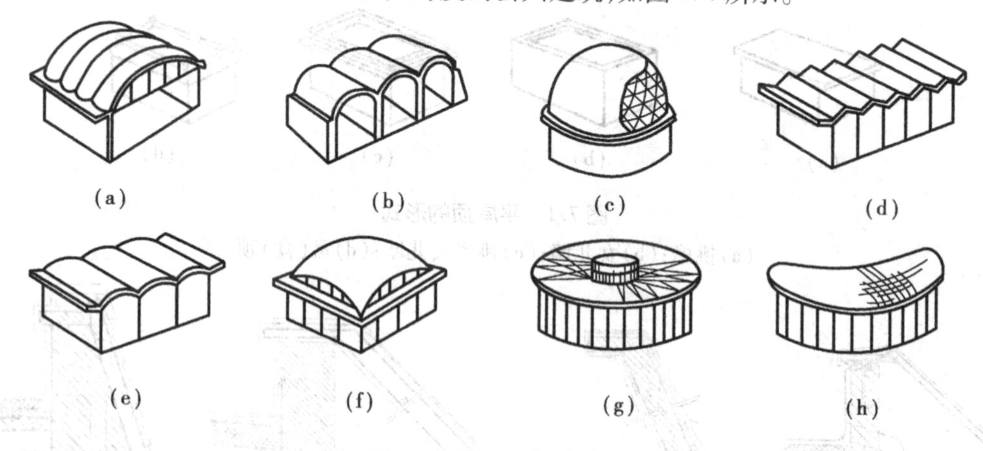

图 7.4　其他形式的屋顶

(a)双曲拱屋顶;(b)砖石拱屋顶;(c)球形网壳屋顶;(d)V 形网壳屋顶;
(e)筒壳屋顶;(f)扁壳屋顶;(g)车轮形悬索屋顶;(h)鞍形悬索屋顶

阅读理解

屋顶的类型较多,按屋顶使用材料和外形分,有平屋顶、坡屋顶、其他形式屋顶;按屋顶结构传力特点分,有檩屋顶和无檩屋顶;按屋顶保温隔热要求分,有保温屋顶、不保温屋顶、隔热屋顶等;按屋面材料与构造分,有柔性防水屋顶和刚性防水屋顶。

观察思考

1. 请举例本地区常见屋顶的类型。
2. 本地区这些类型的屋顶有什么特点?

7.1.3 屋顶排水方式

屋顶排水方式分为无组织排水和有组织排水两大类。

1) 无组织排水

无组织排水是指屋面雨水直接从檐口滴落至地面的一种排水方式,因为不用天沟、雨水管等导流雨水,故又称自由落水。这种做法具有构造简单、造价低廉的优点,但屋面雨水自由落下会溅湿墙面,外墙墙脚常被飞溅的雨水侵蚀,影响到外墙的坚固耐久性,并可能影响人行道的交通。此排水方式主要适用于少雨地区或一般低层建筑,相邻屋面高差小于4 m;不宜用于临街建筑和较高的建筑。

2) 有组织排水

有组织排水是指雨水由天沟、雨水管等排水装置被引导至地面或地下管沟的一种排水方式。它具有构造复杂、造价高,但不妨碍人行交通、不易溅湿墙面的优点,因而在建筑工程中应用广泛。

有组织排水又可分为内排水和外排水两种基本形式。内排水的雨水管设于建筑物内,构造复杂,易造成渗漏,只用在多跨建筑的中间跨、临街建筑、高层建筑和寒冷地区。常用外排水方式有挑檐沟外排水、女儿墙外排水和女儿墙挑檐沟外排水3种形式,如图7.5所示。在一般情况下应尽量采用外排水方案。

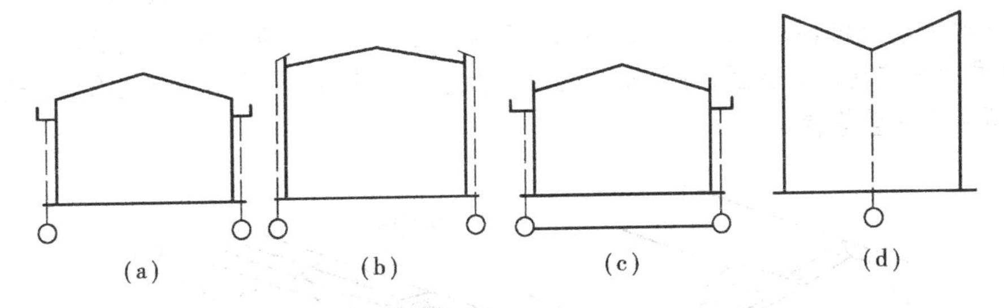

图7.5 常用的有组织排水方式

(a)挑檐沟外排水;(b)女儿墙外排水;(c)女儿墙挑檐沟外排水;(d)内排水

小组讨论

1. 有组织排水方式有哪几种?
2. 你所见到的排水方式有哪些?

练习作业

1. 屋顶起什么作用？屋顶应满足什么要求？
2. 屋顶按使用材料和外形分为哪几种类型？
3. 屋顶由哪几部分组成？它们的主要功能是什么？

7.2 平屋顶的构造

平屋顶按屋顶防水层的不同，有刚性防水、卷材防水、涂料防水及粉剂防水屋顶等多种做法。

阅读理解

(1) 平屋顶主要由结构层(承重层)、防水层(面层)、保温或隔热层组成。有时由于构造要求增加找平层、找坡层、隔汽层、保护层等。

(2) 平屋顶的屋面应有1%~5%的排水坡，排水坡可通过材料找坡和结构找坡两种方法形成，如图7.6所示。材料找坡是在水平搁置的屋面板上用轻质材料(如水泥炉渣、膨胀珍珠岩等)垫置成所需的坡度，具有室内顶棚平整、施工方便、自重增加等特点；结构找坡是把屋面梁顶面设计成所需坡度的倾斜面，将屋面板按倾斜搁置在屋面梁上，具有施工方便、荷载轻、造价低、室内顶棚不平整等特点。

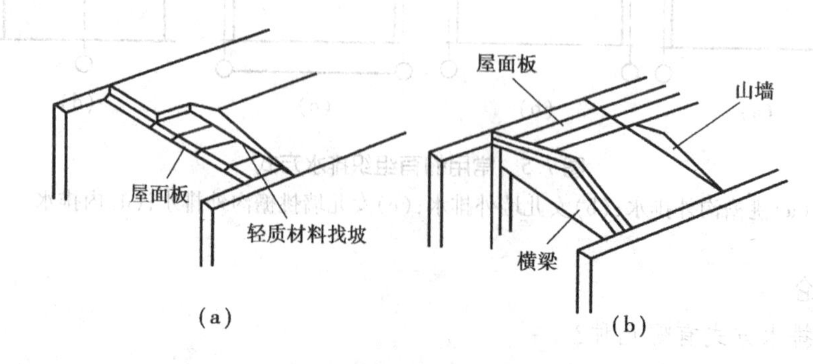

图7.6 屋面坡度的形成
(a)材料找坡；(b)结构找坡

7.2.1 刚性防水屋顶

刚性防水屋顶是指以刚性材料作为防水层，如防水砂浆抹面、细石混凝土或配筋细石混凝土现浇而成的整体防水层等。这种屋顶具有构造简单、施工方便、造价低廉的优点，但对温度变化和结构变形较敏感，容易产生裂缝而渗水，故多用于我国南方地区的建筑。刚性防水屋面要求基底变形小，一般只适用于无保温层的屋面，不适用于高温、有振动和基础有较大不均匀沉降的建筑。

1)刚性防水屋顶的构造层次

刚性防水屋顶一般由结构层、找平层、隔离层和防水层组成，如图7.7所示。

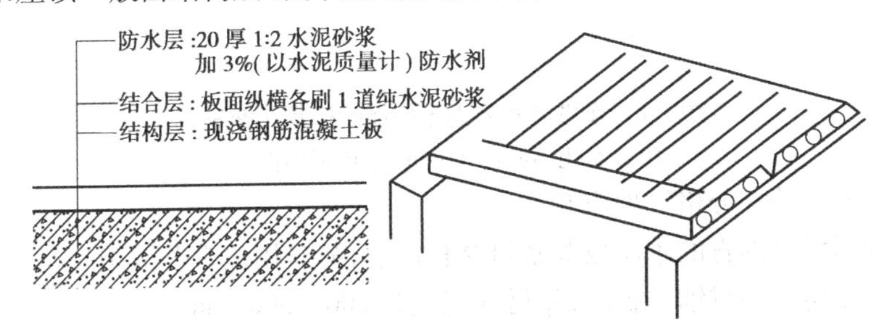

图7.7 刚性防水屋顶构造

(1)结构层 结构层要求具有足够的强度和刚度，一般采用现浇或预制装配的钢筋混凝土屋面板。

(2)找平层 为保证防水层厚薄均匀，通常应在结构层上用20 mm厚1∶3水泥砂浆找平层。

(3)隔离层 为减少结构层变形及温度变化对防水层的不利影响，宜在防水层下设置隔离层。隔离层可采用粘土浆、石灰砂浆、低强度等级砂浆或薄砂层上干铺1层油毡等作为隔离材料。

(4)防水层 当屋面板为现浇板时，防水层采用1∶2或1∶3的水泥砂浆，掺入水泥用量3%～5%的防水剂抹2道而成，其厚度为20～25 mm，如图7.8(a)所示；当屋面板为预制板时，采用整体现浇细石混凝土或配筋细石混凝土做防水层，混凝土强度等级应不低于C20，其厚度宜不小于40 mm，配筋时采用双向配置$\phi4$～$\phi6.5$钢筋，间距为100～200 mm的双向钢筋网片。为提高防水层的抗裂和抗渗性能，可在细石混凝土中掺入适量的外加剂，如膨胀剂、减水剂、防水剂等。

2)刚性防水屋顶的细部构造

刚性防水屋顶的细部构造包括防水层的分格缝、泛水、檐口、雨水口等部位的构造处理。

(1)屋顶分格缝 屋顶分格缝是在防水层上设置的变形缝。其目的是防止屋顶因温度变化和结构变化使防水层拉坏或开裂。因此屋顶分格缝的位置应设置在温度变形允许的范围以内和结构变形敏感的部位。一般情况下分格缝间距不宜大于6 m。结构变形敏感的部位主要是指装配式屋面板的支承端、屋顶转折处、现浇屋面板与预制屋面板的交接处、泛水与立墙交接处等部位。刚性防水屋面分格缝的布置和做法如图7.8所示。分格缝的构造要点是：

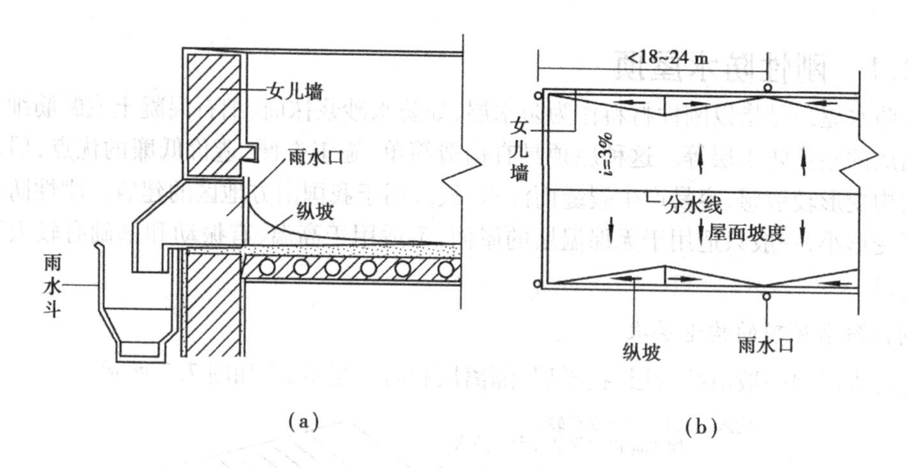

图 7.8　刚性防水屋面分格缝的布置和做法
(a)女儿墙断面图;(b)屋顶平面图

①防水层内的钢筋在分格缝处应断开。

②屋面板缝用浸过沥青的木丝板等密封材料嵌填,缝口用油膏等嵌填。

③缝口表面用防水卷材铺贴盖缝,卷材的宽度为 200 ~ 300 mm。

④在屋脊和平行于流水方向的分格缝处,也可将防水层做成翻边泛水,用盖瓦单边座灰固定覆盖。

(2)泛水构造　泛水指屋顶上沿所有垂直面所设的防水构造。突出于屋面之上的女儿墙、烟囱、楼梯间、变形缝、检修孔、立管等的壁面与屋顶的交接处,是最容易漏水的地方,必须将防水层延伸到这些垂直面上,形成立铺的防水层,称为泛水。刚性防水层与屋面突出物(女儿墙、烟囱等)间须留分格缝,另铺贴附加卷材盖缝形成泛水,如图 7.9 所示。

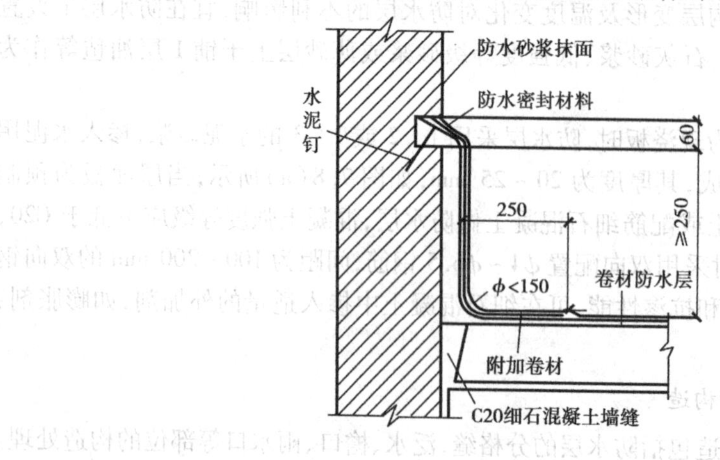

图 7.9　泛水构造

(3)檐口构造　一般有自由落水挑檐口、挑檐沟外排水檐口和女儿墙外排水檐口、坡檐口等,如图 7.10 所示。

①自由落水挑檐口:根据挑檐挑出的长度,有直接利用混凝土防水层悬挑和在增设的现浇或预制钢筋混凝土挑檐板上做防水层等做法。无论采用哪种做法,都应注意做好滴水。

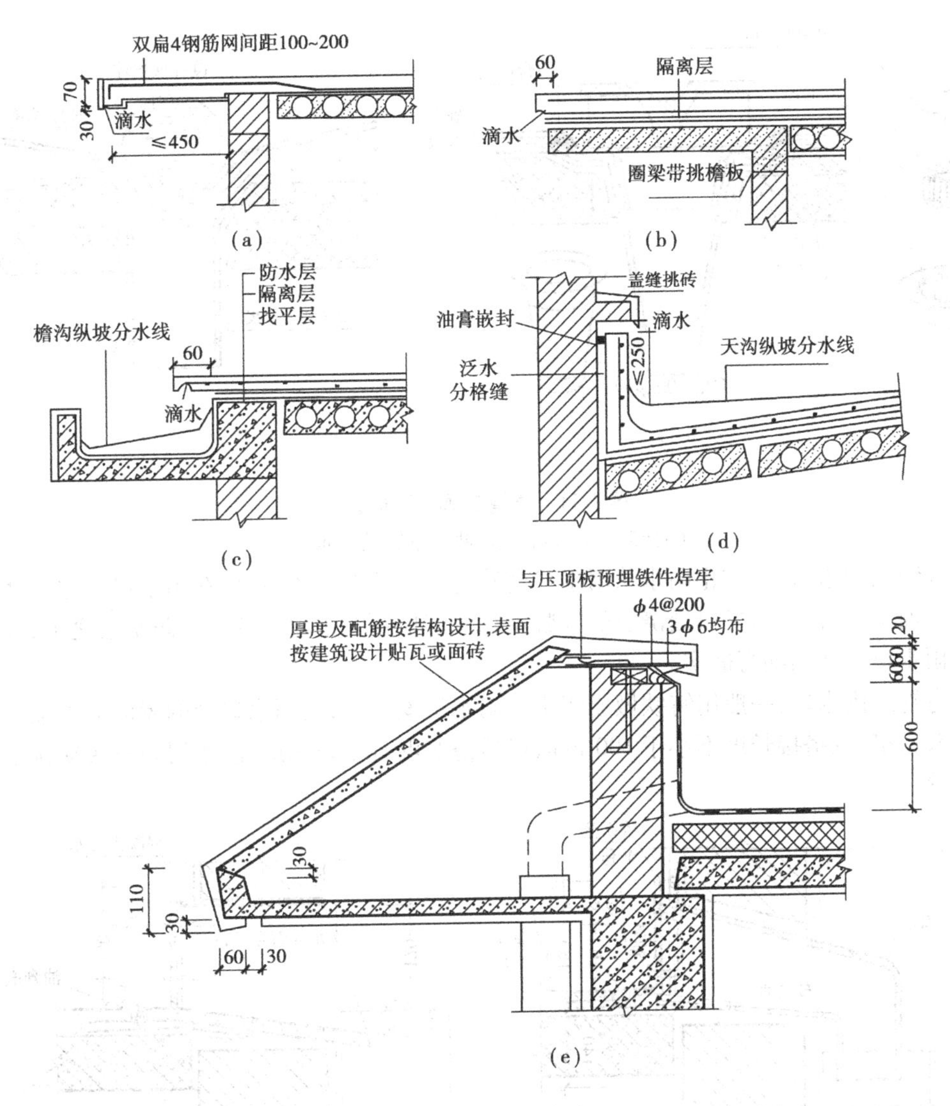

图 7.10　檐口构造

(a)混凝土防水层悬挑檐口;(b)挑檐板挑檐口;(c)挑檐沟外排水檐口;

(d)女儿墙外排水檐口;(e)平屋顶坡檐构造

②挑檐沟外排水檐口:檐沟构件一般采用现浇或预制的钢筋混凝土槽形天沟板,在沟底用低强度等级的混凝土或水泥炉渣等材料垫置成纵向排水坡度,铺好隔离层后再浇筑防水层,防水层应挑出屋面并做好滴水。

③坡檐口:建筑设计中出于造型方面的考虑,常采用一种平顶坡檐,即"平改坡"的处理形式,使较为呆板的平顶建筑具有某种传统的韵味,以丰富城市景观。

④女儿墙外排水檐口:利用倾斜的屋面板与女儿墙间的夹角做成三角形断面天沟,天沟内需设纵向排水坡。

(4)雨水口构造　雨水口有直管式和弯管式两种做法,如图 7.11、图 7.12 所示。直管式一般用于挑檐沟外排水的雨水口,弯管式用于女儿墙外排水的雨水口。

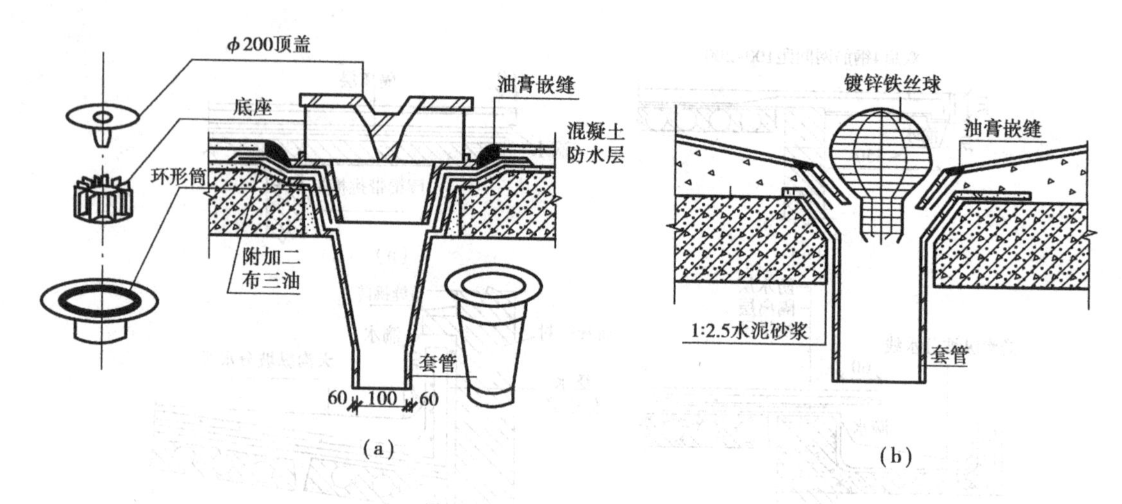

图7.11　直管式雨水口构造

(a)65型雨水口；(b)铁丝罩铸铁雨水口

①直管式雨水口：为防止雨水从雨水口套管与沟底接缝处渗漏，应在雨水口周边加铺柔性防水层并铺至套管内壁，檐口处浇筑的混凝土防水层应覆盖于附加的柔性防水层之上，并于防水层与雨水口之间用油膏嵌实。

②弯管式雨水口：一般用铸铁做成弯头。雨水口安装时，在雨水口处的屋面应加铺附加卷材与弯头搭接，其搭接长度不小于100 mm，然后浇筑混凝土防水层，防水层与弯头交接处需用油膏嵌缝。

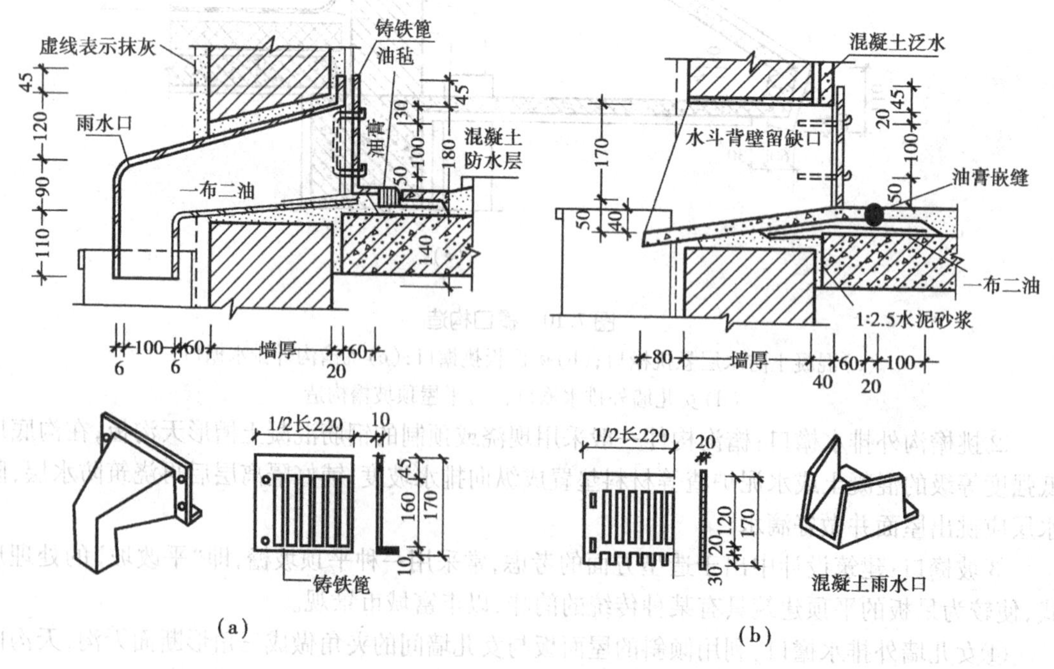

图7.12　弯管式雨水口构造

(a)铸铁雨水口；(b)预制混凝土排水槽

7.2.2 柔性防水屋顶

柔性防水屋顶又称为卷材防水屋顶，是指以防水卷材和粘结剂分层粘贴而构成防水层。卷材防水屋顶所用卷材有沥青类卷材、高分子类卷材、高聚物改性沥青类卷材等，适用于防水等级为Ⅰ～Ⅳ级的屋面防水。

1)柔性防水屋顶的构造层次

柔性防水屋顶由多层材料叠合而成，主要构造层次有结构层、找平层、结合层、防水层、保护层等，如图7.13所示。

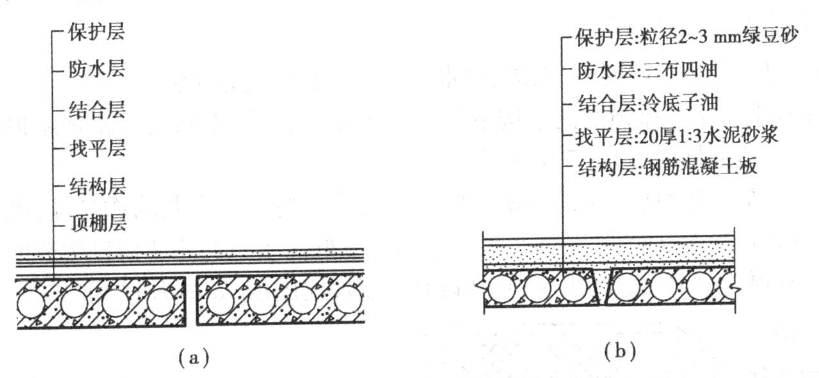

图7.13 柔性防水屋顶构造

(a)卷材防水屋顶的构造组成；(b)油毡防水屋顶的构造组成

(1)结构层　结构层要求具有足够的强度和刚度，一般采用现浇或预制装配的钢筋混凝土屋面板。

(2)找平层　找平层一般设在结构层或保温层上面，采用20～30 mm厚的1∶3水泥砂浆或1∶8沥青砂浆找平，中间可设宽度为20 mm的分格缝。

(3)结合层　结合层的作用是使卷材防水层与基层粘结牢固。结合层所用材料应根据卷材防水层材料的不同来选择，沥青类卷材通常用冷底子油，高分子卷材则多用配套基层处理剂、冷底子油或稀释乳化沥青作结合层。

(4)防水层　防水层由胶结材料与卷材粘合而成，卷材连续搭接，形成屋顶防水的主要部分。当屋顶坡度较小时，卷材一般平行于屋脊铺设，从檐口到屋脊层层向上粘贴，上下搭接不小于70 mm，左右搭接不小于100 mm。

(5)保护层　保护层是为了防止防水层直接受风吹日晒后开裂漏雨而铺设。如果是不上人屋顶，采用油毡防水层时为粒径3～6 mm的小石子，称为绿豆砂保护层。绿豆砂要求耐风化、颗粒均匀、色浅；三元乙丙橡胶卷材采用银色着色剂，直接涂刷在防水层上表面；彩色三元乙丙复合卷材防水层直接用CX-404胶粘结，不需另加保护层。如果是上人屋顶，通常可采用水泥砂浆或沥青砂浆铺贴缸砖、大阶砖、混凝土板等，也可现浇40 mm厚C20细石混凝土。板材保护层或整体保护层均应设分格缝。

阅读理解

沥青油毡是我国传统的屋顶防水材料，它的特点是造价低、防水性能好，对屋顶基层变形有一定的适应能力，但施工麻烦、劳动强度大，且容易出现油毡鼓泡、沥青流淌、油毡老化、污染环境等问题，国内的一些城市已禁止使用。取而代之的是一批新型卷材和片材，如高聚物改性沥青类的SBS、APP改性沥青防水卷材和合成高分子类的三元乙丙橡胶防水卷材、聚氯乙烯防水卷材、氯化聚乙烯防水卷材等。这些性能优良的新型防水材料都具有良好的延伸性、耐久性和防水性，而且宜冷施工，减少环境污染，但造价较高。

2)柔性防水屋顶的细部构造

屋顶细部是指屋顶上的泛水、天沟、雨水口、檐口、变形缝等部位。

(1)泛水构造　柔性屋顶的泛水构造与刚性屋顶的相同，不同之处就是屋顶防水层与女儿墙直接连接不留分格缝，如图7.9所示。

(2)檐口构造　柔性防水屋顶的檐口构造分挑檐、挑檐沟、女儿墙檐口等，挑檐和挑檐沟构造都应注意处理好卷材的收头固定、檐口饰面并做好滴水。女儿墙檐口构造的关键是泛水的构造处理，其顶部通常做混凝土压顶，并设有坡度坡向屋顶，如图7.14所示。

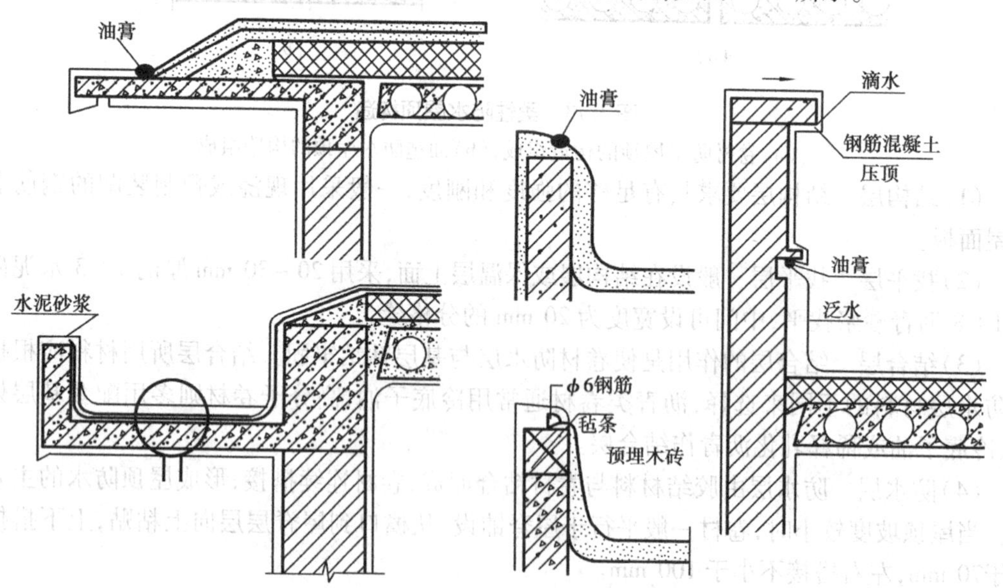

图7.14　檐口构造

(3)雨水口构造　柔性屋顶的雨水口构造与刚性屋顶的相同，如图7.11和图7.12所示。

(4)屋顶变形缝构造　屋顶变形缝构造要求既不能影响屋顶的变形，又要防止雨水从变形缝渗入室内，如图7.15所示。

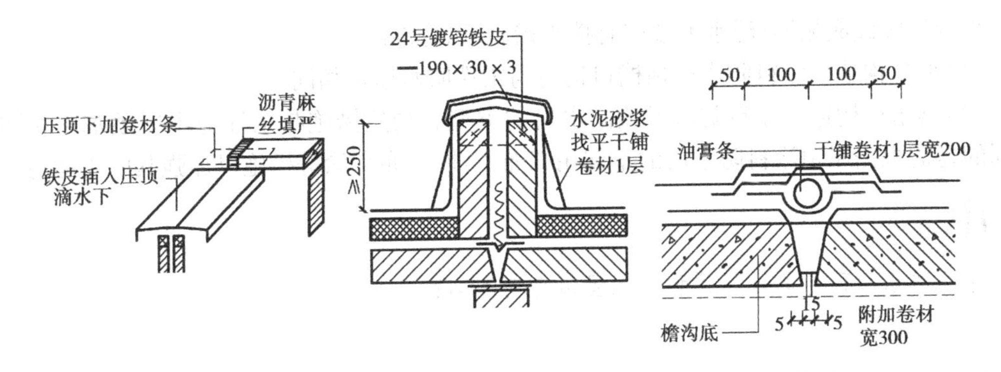

图 7.15　变形缝构造

练习作业

1. 刚性屋顶与柔性屋顶的组成层次有何不同?

2. 刚性屋顶与柔性屋顶的构造组成与要求有何不同?

7.2.3　涂膜防水屋顶

涂膜防水屋顶又称涂料防水屋顶，是用可塑性和粘结力较强的高分子防水涂料直接涂刷在屋顶基层上，形成1层不透水的薄膜层，以达到防水目的的一种屋顶做法。防水涂料有塑料、橡胶和改性沥青3大类，常用的有塑料油膏、氯丁胶乳沥青涂料和焦油聚氨酯防水涂膜等。这些材料多数具有质量轻、防水性好、粘结力强、延伸性大、耐腐蚀、不易老化、施工方便、容易维修、不污染环境等优点。近年来应用较为广泛，适用于防水等级为Ⅲ，Ⅳ级的屋面防水。

1)涂膜防水屋顶的构造层次与做法

涂膜防水屋顶的构造层次与柔性防水屋顶相同，由结构层、找坡层、找平层、结合层、防水层和保护层组成。

涂膜防水屋顶的常见做法:结构层和找坡层材料做法与柔性防水屋顶相同，找平层通常为25 mm厚1∶2.5水泥砂浆。为保证防水层与基层粘结牢固，结合层应选用与防水涂料相同的材料经稀释后满刷在找平层上，然后分多次涂刷防水材料，直至厚度达到1.2 mm或以上形成防水层。当屋顶不上人时，保护层的做法根据防水层材料的不同，可用蛭石或细砂撒面、银粉涂料涂刷等做法;当屋顶上人时，保护层做法与柔性防水上人屋顶做法相同。

2)涂膜防水屋顶细部构造

(1)分格缝构造　涂膜防水只能提高表面的防水能力，由于温度变形和结构变形会导致基层开裂而使得屋面渗漏，因此对屋顶面积较大和结构变形敏感的部位，需设置分格缝。

(2)泛水构造　构造要点与柔性防水屋顶基本相同，即泛水高度不小于250 mm;屋顶与立墙交接处应做成弧形;泛水上端应有挡雨措施,以防渗漏。

(3)檐口构造　涂料防水屋顶檐口构造与柔性防水屋顶相同。

(4)雨水口构造　涂料防水屋顶雨水口的类型和构造措施与柔性防水屋顶基本相同,所不同的是需根据屋顶涂料防水层的不同用二布三油、二布六涂等措施以加强其防水能力。

小组讨论

涂膜防水屋顶与柔性屋顶和刚性屋顶有何不同?

7.2.4　平屋顶的保温与隔热

屋顶是建筑物的外围护结构,应根据当地气候条件和使用功能等方面的要求,考虑屋顶的保温与隔热方面的问题。

观察思考

在选择保温或隔热措施时应考虑什么因素?

1)平屋顶的保温

在寒冷地区或有空调要求的建筑中,屋顶应做保温处理,以减少室内热量损失,保证房屋的正常使用并降低能源消耗,在屋顶中增设保温层。

(1)保温材料类型　保温材料多为轻质多孔材料,一般可分为以下3种类型。

①散料类:常用炉渣、矿渣、膨胀蛭石、膨胀珍珠岩等。

②整体类:以散料作骨料,掺入一定量的胶结材料,现场浇筑而成,如水泥炉渣、水泥膨胀蛭石、水泥膨胀珍珠岩及沥青膨胀蛭石和沥青膨胀珍珠岩等。

③板块类:利用骨料和胶结材料由工厂制作而成的板块状材料,如加气混凝土、泡沫混凝土、膨胀蛭石、膨胀珍珠岩、泡沫塑料等块材或板材等。

保温材料的选择应根据建筑物的使用性质、构造方案、材料来源、工程造价等因素综合考虑确定。

(2)保温层构造　平屋顶因屋面坡度平缓,适合将保温层放在屋顶结构层上,根据保温层在屋顶中的具体位置,有正铺法和倒铺法两种处理方式。

①正铺法:将保温层通常设在结构层之上、防水层之下而形成封闭保温层的一种做法。保温卷材防水屋顶与非保温卷材防水屋顶的区别是增设了保温层,构造需要相应增加了找平层、结合层和隔汽层。设置隔汽层的目的是防止室内水蒸气渗入保温层,使保温层受潮而降低保温效果。隔汽层的一般做法是在20 mm厚1∶3水泥砂浆找平层上刷冷底子油2道作为结合层,结合层上做一布二油或2道热沥青隔汽层,隔汽层上设保温层。构造组成如图7.16(a)所示。

②倒铺法:将保温层设在防水层之上形成敞露式保温层的一种做法。它能有效地保护防水层,使防水层不受外力的影响而破坏。但保温材料的选择受到限制,要求保温材料自身具有吸水性小或憎水的性能,如聚苯乙烯泡沫塑料板、聚氨酯泡沫塑料板等憎水材料,其保护层应

选择有一定质量足以压住保温层的材料，如大粒径的石子和混凝土板等。构造组成如图7.16(b)所示。

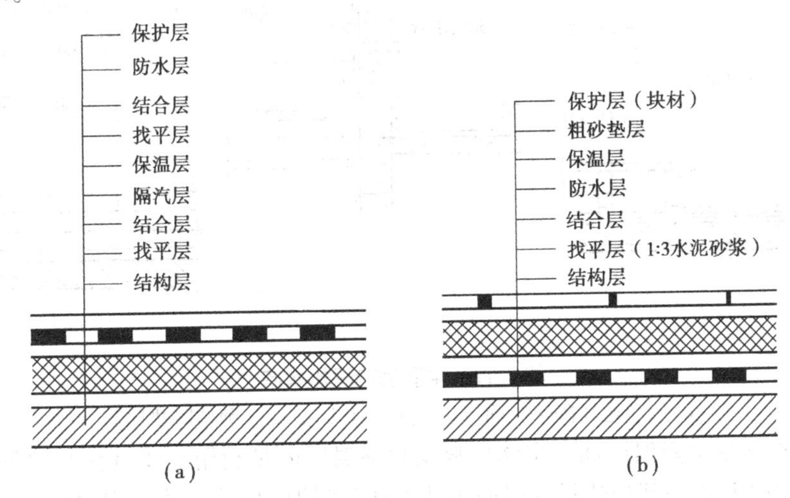

图7.16 平屋顶保温构造

(a)正铺式保温屋顶构造层次；(b)倒铺式保温屋顶构造层次

2)平屋顶的隔热

在气候炎热地区，夏季太阳辐射使屋顶温度剧烈升高，为减少传进室内的热量和降低室内的温度，屋顶应采取隔热降温措施。目前常用的构造做法有：通风隔热屋面、蓄水隔热屋面、种植隔热屋面、实体材料反射降温屋面等。

(1)通风隔热屋面　通风隔热屋面是指在屋顶中设置通风间层，使上层表面起遮挡阳光的作用，利用风压和热压作用把间层中的热空气不断带走，以减少传到室内的热量，从而达到隔热降温的目的。通风隔热屋面一般有架空通风隔热屋面和顶棚通风隔热屋面两种做法。

①架空通风隔热屋面：通风层设在防水层之上，其做法很多，架空通风隔热屋面构造，其中以架空预制板或大阶砖最为常见。架空通风隔热层设计应满足以下要求：架空层应有适当的净高，一般以180～240 mm为宜；屋面宽度大于10 m时，应在屋脊处设置通风桥以改善通风效果；距女儿墙500 mm范围内不铺架空板；隔热板的支点可做成砖垄墙或砖墩，间距视隔热板的尺寸而定，如图7.17(a)所示。

②顶棚通风隔热屋面：利用顶棚与屋顶之间的空间作隔热层，顶棚通风层净空高度，一般为500 mm左右，设置一定数量的通风孔，以利空气对流。通风孔应考虑防飘雨措施，还应注意解决好屋面防水层的保护问题，可在防水层上涂上浅色颜料，既可反射阳光，又能防止混凝土碳化。

(2)蓄水隔热屋面　蓄水隔热屋面是指在屋顶蓄积一层水，利用水蒸发时需要大量的汽化热，大量消耗晒到屋面的太阳辐射热，以减少屋顶吸收的热能，从而达到降温隔热的目的，如图7.17(b)所示。

(3)种植隔热屋面　种植隔热屋面是在屋顶上种植植物，利用植被的蒸腾和光合作用，吸收太阳辐射热，从而达到降温隔热的目的，如图7.17(c)所示。

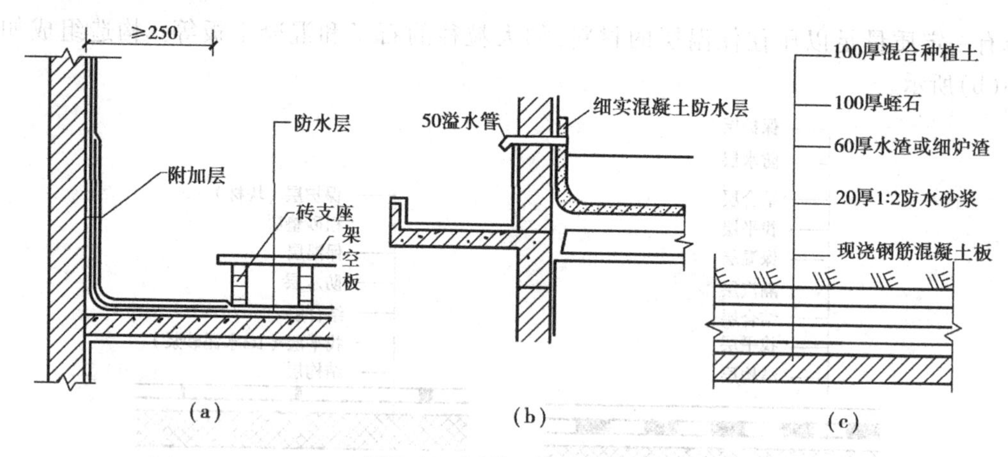

图7.17 平屋顶的隔热构造

(a)架空通风隔热屋面;(b)蓄水隔热屋面;(c)种植隔热屋面

(4)实体材料反射降温屋面　实体材料反射降温屋面是利用实体材料的颜色和光滑度对热辐射的反射作用,将一部分热量反射回去从而达到降温的目的。如采用浅色的砾石、混凝土作屋顶保护层,或在屋顶保护层上涂刷白色涂料,对隔热降温都有一定的效果。

小组讨论

本地区常采用什么保温或隔热措施?

练习作业

1. 平屋顶的刚性防水和柔性防水的构造如何?
2. 平屋顶的涂膜防水和粉剂防水的构造如何?
3. 简述平屋顶的保温和隔热层的构造。

7.3 坡屋顶的构造

坡屋顶的屋面坡度大于5%,常用的有单坡、双坡、四坡、歇山等形式,如图7.3所示。坡屋顶主要由屋面层、承重层和顶棚所组成,根据需要也可增设保温层、隔热层等。

7.3.1 坡屋顶的承重结构

坡屋顶中常用的承重结构类型有横墙承重、屋架承重和钢筋混凝土梁板承重。

(1)横墙承重　横墙承重是指将房屋的内外横墙砌成尖顶形状，在上面直接搁置檩条来支承屋面荷载，如图7.18(a)所示。

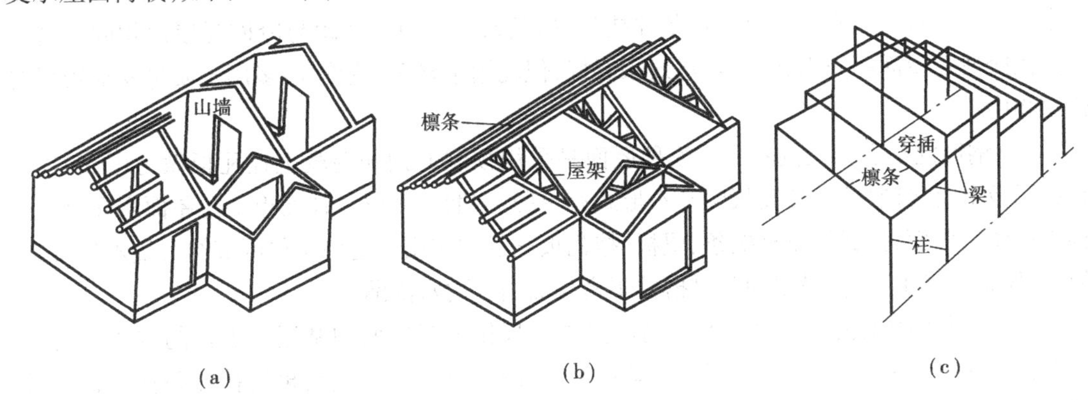

图7.18　坡屋顶的承重结构类型

(a)横墙承重；(b)屋架承重；(c)钢筋混凝土梁板承重

(2)屋架承重　屋架又称桁架，是将屋架搁置在纵墙上，用屋架来支承整个屋面荷载。屋架形式常为三角形，由上弦、下弦及腹杆组成，所用材料有木材、钢材及钢筋混凝土等，如图7.18(b)所示。

(3)钢筋混凝土梁板承重　这种承重结构是将钢筋混凝土屋面板直接搁置在两面山墙或屋架上，用钢筋混凝土屋面板来支承整个屋面荷载，如图7.18(c)所示。

小组讨论

1. 坡屋顶的承重结构有哪几种？

2. 本地区常见的坡屋顶类型有哪些？

7.3.2　坡屋顶的做法

坡屋顶包括屋面承重基层和屋面瓦材两部分。根据屋面瓦材来选择相应的屋面承重基层。常用的瓦材有平瓦、波形瓦等，近些年来还有不少采用金属瓦屋面、彩色压型钢板屋面的。坡屋顶靠瓦与瓦之间的搭接盖缝来达到防水目的。

1)平瓦屋面

平瓦屋面根据材料分粘土瓦和水泥瓦，其外形是根据排水要求而设计的，瓦的两边及上下留有槽口以便瓦的搭接，瓦面上有排水槽，瓦背有凸缘及小孔用以挂瓦及穿铁丝固定。瓦长为380～420 mm，宽为230～250 mm，厚为20～25 mm，屋脊部位需专用的脊瓦盖缝。

根据屋面基层的不同有冷摊瓦屋面、屋面板平瓦屋面、钢筋混凝土挂瓦板屋面和钢筋混凝土板瓦屋面4种做法。

(1)冷摊瓦屋面　该种屋面是在檩条上钉固椽条，然后在椽条上钉挂瓦条并直接挂瓦。这种做法构造简单，但雨雪易从瓦缝中飘入室内，通常用于南方地区质量要求不高的建筑中。

(2)屋面板瓦屋面　该种屋面是在檩条上铺钉15～20 mm厚的屋面板(亦称木望板)，望板可采取密铺法(不留缝)或稀铺法(望板间留 20 mm 左右宽的缝),在望板上平行于屋脊方向干铺 1 层油毡,在油毡上顺着屋面水流方向钉 10 mm×30 mm、中距 500 mm 的顺水条,然后在顺水条上面平行于屋脊方向钉挂瓦条并挂瓦,挂瓦条的断面和间距与冷摊瓦屋面相同。这种做法比冷摊瓦屋面的防水、保温隔热效果要好,但耗用木材多、造价高,多用于质量要求较高的建筑物中。

(3)钢筋混凝土挂瓦板屋面　该种屋面是采用预制的钢筋混凝土挂瓦板做为屋面基层,在挂瓦板上直接铺挂瓦,挂瓦板的基本形式有单肋、双肋和 F 形。挂瓦板平瓦屋面实际上是一种无檩体系屋面,挂瓦板兼有檩条、望板、挂瓦板三者的作用。这种屋顶可节约大量木材,构造简单,屋顶顶棚平整,但易出现瓦材搭挂不密合而引起雨水渗漏。

(4)钢筋混凝土板瓦屋面　可将钢筋混凝土板作为瓦屋面的基层。盖瓦的方式有两种:一种是在找平层上铺油毡 1 层,用压毡条钉在嵌在板缝内的木楔上,再钉挂瓦条挂瓦;另一种是在屋面板上直接粉刷防水水泥砂浆并贴瓦或陶瓷面砖或平瓦。在仿古建筑中也常常采用钢筋混凝土板瓦屋面。

2)波形瓦屋面

波形瓦按材料分为石棉水泥瓦、纤维水泥瓦、塑料瓦、玻璃钢瓦、彩色压型钢板瓦等;按波形分为大波、中波、小波、弧形波、梯形波和不等波等。

波形瓦可直接固定在檩条上,檩条间距根据瓦长而定,每张瓦至少 3 个支点。瓦的上下搭接长度不小于 100 mm,左右搭接当采用大波和中波时至少为半个波,采用小波瓦时至少为 1 个波。在瓦的波峰处与檩条固定,并在钉孔处加设镀锌垫圈和防水垫圈以防渗水,屋脊要加盖脊瓦或用镀锌铁皮等遮盖,其空隙用砂浆填实。

①石棉水泥瓦和纤维水泥瓦:具有质轻、构造简单、施工方便、造价低等优点,但易脆裂、保温隔热性能差,一般用于无保温隔热要求的低标准建筑中。

②塑料波形瓦和玻璃钢瓦:具有质轻、强度较高、透明等优点,可兼作屋顶采光用。

3)金属屋面

金属屋面是用金属面板(压型钢板、彩色压型钢板,压型铝合金板及金属夹心板等)、金属型材(轻钢型材、铝合金型材)以及玻璃等作为建筑物的屋面材料,兼有围护和装饰作用。目前常见的金属屋面有金属瓦屋面、压型金属板屋面和金属玻璃屋面等。

(1)金属瓦屋面　金属瓦屋面是用金属薄板(镀锌钢板或彩色钢板)加工制成的,制作时在木工作台上进行,因此在施工现场即可制作。

①特点:金属瓦屋面具有制作工艺简单、自重轻、安装方便、防火性能好、保温性能差等特点。

②类型:根据屋面坡度可分单坡、双坡和多坡,如图 7.19 所示。

③组成:由波形金属瓦、檩条组成。

(2)压型金属板屋面　压型金属板屋面是以镀锌板为基料,经轧制成型敷以各种防腐涂层与彩色烤漆而成的轻质屋面板。它具有围护、防火、防腐和防漏功能。

①特点:压型金属板屋面具有自重轻、装饰性、耐久性强等优点,常用于装饰要求较高的大

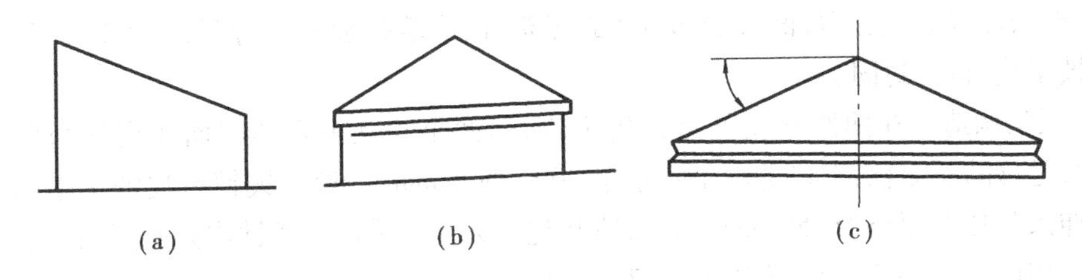

图 7.19 金属坡屋面

(a)单坡型屋面;(b)双坡型屋面;(c)多坡型屋面

空间建筑。

②类型:根据屋面坡度可分为单坡、双坡和多坡;根据屋面压型板的波高分为高波形钢板瓦(波高≥70 mm)和低波形钢板瓦(波高≤70 mm)。

③组成:由波形钢板瓦、钢支架、钢檩条组成。

7.3.3 坡屋顶细部构造

1)平瓦屋面

平瓦屋面应做好檐口、天沟、泛水等部位的细部处理。

(1)檐口构造　檐口分为纵墙檐口和山墙檐口。

①纵墙檐口:根据造型要求做成挑檐或封檐,如图 7.20 所示。

②山墙檐口:按屋顶形式分为硬山与悬山两种。硬山檐口构造,将山墙升起包住檐口,女儿墙与屋面交接处应做泛水处理。女儿墙顶应做压顶板,以保护泛水;悬山屋顶的山墙檐口构

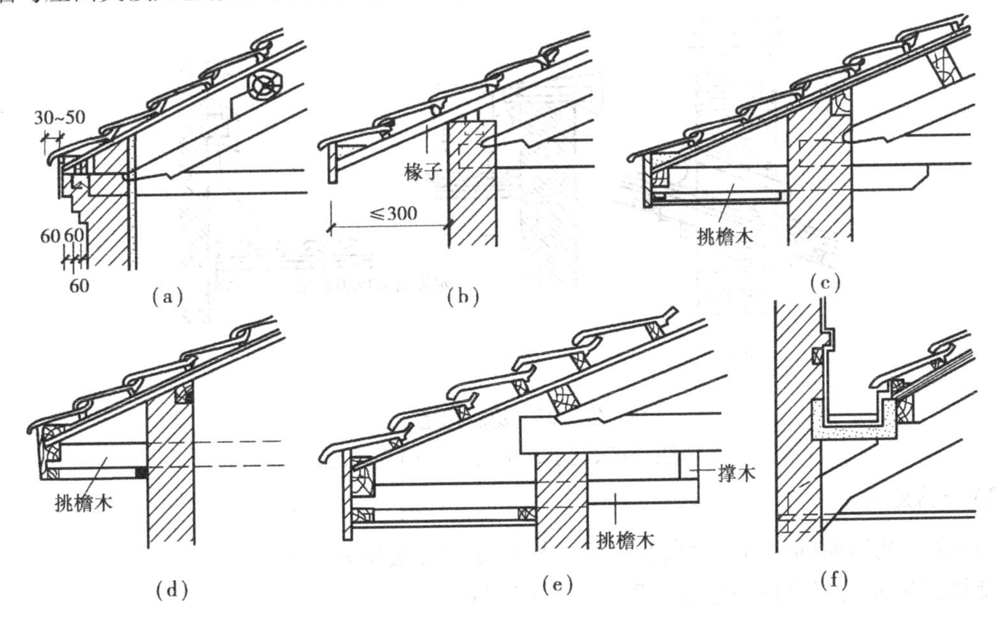

图 7.20 平瓦屋面纵墙檐口构造

(a)砖砌挑檐;(b)椽条外挑;(c)挑檐木置于屋架下;

(d)挑檐木置于承重横墙中;(e)挑檐木下移;(f)女儿墙包檐口

造，先将檩条外挑形成悬山，檩条端部钉木封檐板，沿山墙挑檐的一行瓦，应用1:2.5的水泥砂浆做出披水线，将瓦封固。

(2)天沟构造　在两跨相交处常设置天沟，而两个相互垂直的屋面相交处则形成斜沟。沟内应有足够的断面积，上口宽度不宜小于300~500 mm，一般用镀锌铁皮铺于木基层上，镀锌铁皮伸入瓦片下面至少150 mm。高低跨和包檐天沟若采用镀锌铁皮防水层时，应从天沟内延伸至立墙（女儿墙）上形成泛水，如图7.21所示。

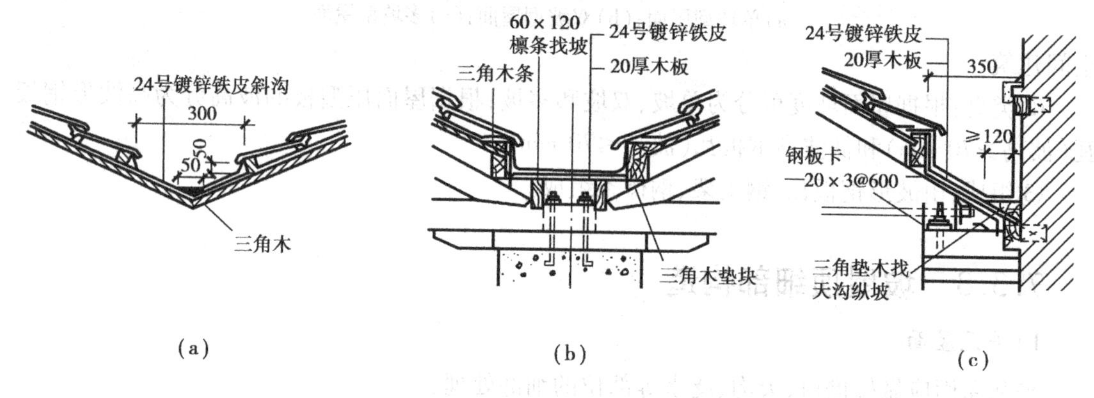

图7.21　天沟、斜沟构造

(a)三角形天沟（双跨屋面）；(b)矩形天沟（双跨屋面）；(c)高低跨屋面天沟

(3)泛水构造　凡突出坡屋顶屋面的天窗、排气管、屋面与女儿墙、屋面硬山墙等与屋面交接处均须设置泛水，如图7.22所示。

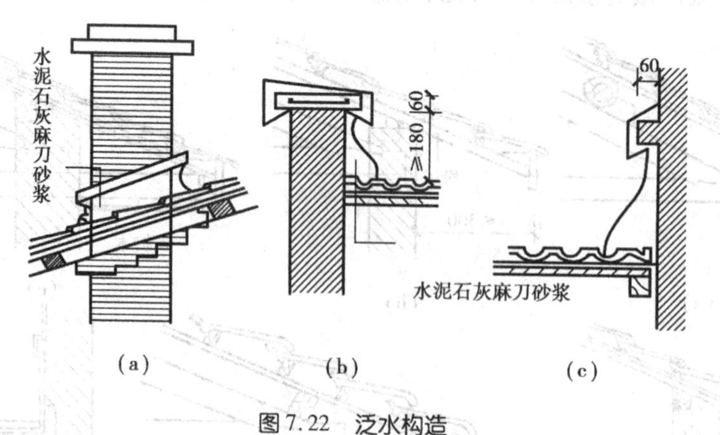

图7.22　泛水构造

(a)烟囱抹灰泛水；(b)泛水；(c)立墙泛水

2)金属瓦屋面

(1)金属瓦屋面的构造　金属瓦屋面的构造处理方法见表7.1。

金属瓦屋面的缝节点构造如图7.23和图7.24所示。

表 7.1 金属瓦屋面构造表

构造类型	部 位	构造处理方法		
缝节点构造	竖 缝	带盖条的立咬口缝	带罩立咬口缝	单侧立咬口缝
	横 缝	单平咬口缝	双平咬口缝	
细部构造	泛 水	将瓦材向上弯起,收头处钉在预埋木砖上,用嵌缝油膏将缝口封严,高度 150 ~ 200 mm		
	天 沟	天沟瓦材与坡面瓦材的接缝,均采用双平咬口缝,并用嵌缝油膏嵌镶严密		
	檐 口	无组织排水屋面,檐口瓦材应排出墙面的 200 mm。檐口瓦材折卷在 T 形铁上(T 形铁间距不大于 700 mm)		
	雨水口	将金属瓦向下弯折,铺入雨水口的套管中		

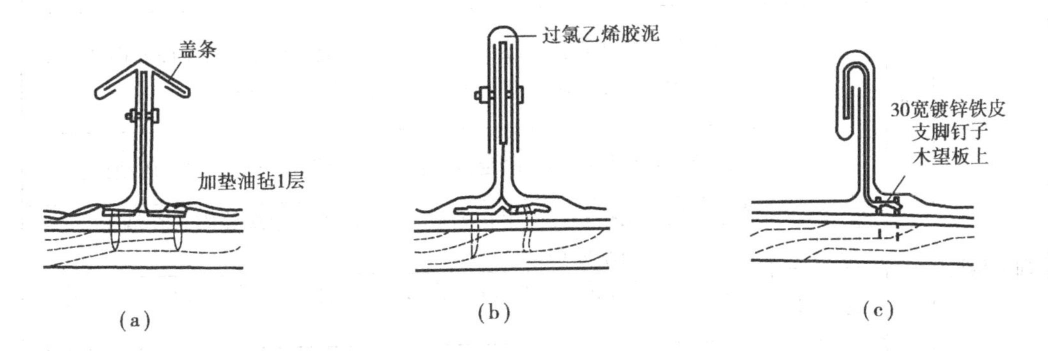

图 7.23 竖缝节点构造

(a)立咬口缝节点构造;(b)带罩立咬口缝节点构造;(c)单侧立咬口缝节点构造

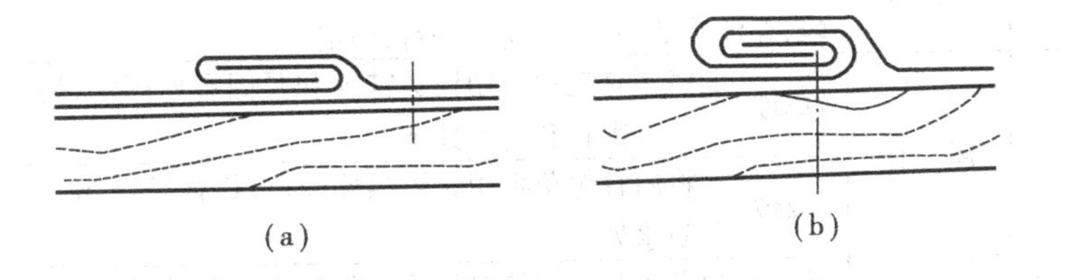

图 7.24 横缝节点构造

(a)单平咬口缝节点构造;(b)双平咬口缝节点构造

(2)金属压型板屋面的构造 金属压型板屋面的构造见表 7.2。压型钢板屋面构造和压型钢板与铁架及檩条的连接如图 7.25、图 7.26 所示。

小组讨论

坡屋顶的细部构造与平屋顶有何不同?

表 7.2　压型金属板屋面构造表

<table>
<tr><th colspan="2">构造类型</th><th>部　位</th><th colspan="2">构造处理方法</th></tr>
<tr><td colspan="2" rowspan="2">缝节点构造</td><td>横　向</td><td colspan="2">采用搭接、咬边、卡扣等方法接缝，但 2 块板均应伸至支承构件上</td></tr>
<tr><td>纵　向</td><td colspan="2">在檩条处采用搭接方式，并设 2 道胶条嵌缝</td></tr>
<tr><td rowspan="14">细部构造</td><td rowspan="9">低波</td><td rowspan="3">屋　脊</td><td>单坡</td><td>将屋脊包角板用拉铆钉固定，搭接长 >200 mm，外露钉头进行防水处理</td></tr>
<tr><td rowspan="2">双坡</td><td>屋脊板用钩头螺栓固定在檩条上，搭接长 ≥200 mm，中距为 200 ~ 400 mm，搭接部位和外露螺栓均填充密封材料</td></tr>
<tr><td>屋脊板用拉铆钉固定在檩条上，搭接长 >200 mm，中距 ≤50 mm，钉头不能设在波峰上，搭接部位和外露钉头均填嵌密封材料</td></tr>
<tr><td rowspan="2">山　墙</td><td colspan="2">将山墙包角板用钩头螺栓在第二波峰上固定，包角板在屋面和山墙的搭接长 >200 mm，对钩头和包角板进行防锈和密封处理</td></tr>
<tr><td colspan="2">将山墙包角板用拉铆钉固定，包角板与压型钢板搭接在双层压型钢板上</td></tr>
<tr><td>檐　口</td><td colspan="2">将檐口堵头用拉铆钉固定在檐口处，塑料堵头用螺栓固定在墙上，拉铆钉头应进行防水处理</td></tr>
<tr><td>泛　水</td><td colspan="2">将泛水板用挂钩螺栓固定在屋面板压型钢板上。注意进行密封和防水处理</td></tr>
<tr><td>挑檐沟</td><td colspan="2">将檐沟板用螺栓固定在屋面压型钢板上，用挂钩螺栓将屋面压型钢板与檩条固定。注意密封和防水处理</td></tr>
<tr><td>伸缩缝</td><td colspan="2">伸缩缝的盖缝板与伸缩缝两边的屋面压型钢板搭接长度应超过 2 个波峰，在波峰处用拉铆钉将盖缝板固定</td></tr>
<tr><td rowspan="5">高波</td><td rowspan="2">屋　脊</td><td>单坡</td><td>将屋脊包角板用钩头螺栓和紧固螺栓固定，搭接长 ≥200 mm。注意密封和防水处理</td></tr>
<tr><td>双坡</td><td>将屋脊包角板用紧固螺栓固定，搭接长 ≥200 mm，注意密封和防水处理</td></tr>
<tr><td>山　墙</td><td colspan="2">将山墙包角板与墙面接触处用膨胀螺栓固定，包角板与压型钢板用螺栓固定，固定支架应固定在预埋件上</td></tr>
<tr><td>檐　口</td><td colspan="2">将檐口挡水板与塑料挡水件连接一起用螺栓固定在压型板上，压型板与固定支架用固定螺栓固定</td></tr>
<tr><td>泛　水</td><td colspan="2">将泛水板用固定螺栓固定在屋面板压型钢板的第二波峰的表面上，与墙面用膨胀螺栓固定。注意进行密封和防水处理</td></tr>
<tr><td colspan="3" rowspan="2">压型屋面板与
檩条节点连接处</td><td>低波</td><td>压型屋面板通过固定长螺栓直接焊接或通过钩头螺栓固定檩条上</td></tr>
<tr><td>高波</td><td>压型屋面板在波峰处用螺栓与固定支架固定，固定支架下部焊接在檩条上</td></tr>
</table>

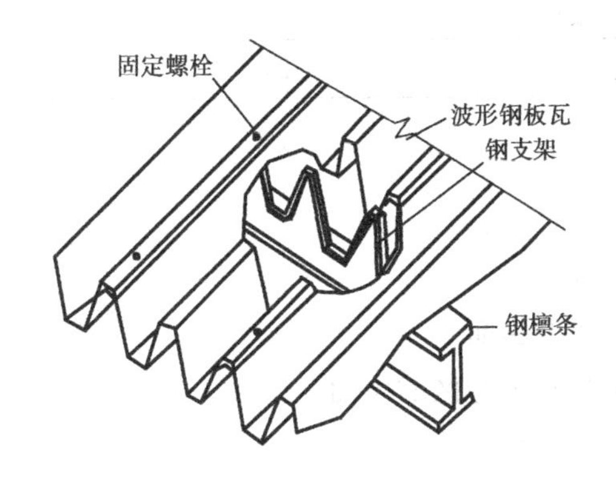

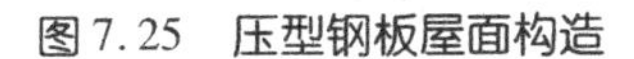
图7.25 压型钢板屋面构造

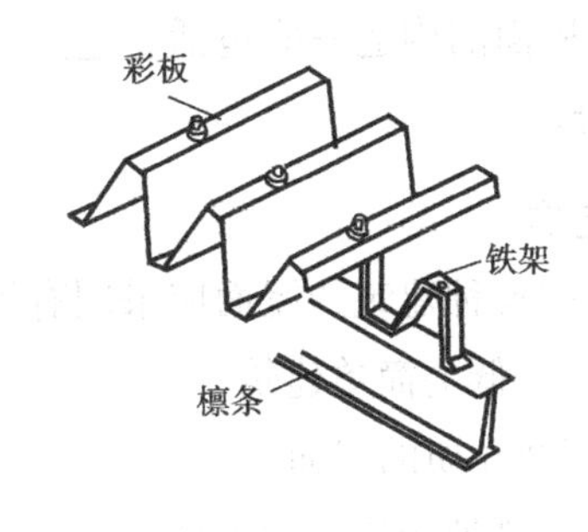

图7.26 压型钢板与铁架及檩条的连接

7.3.4 坡屋顶的保温与隔热

1）坡屋顶保温构造

坡屋顶的保温层一般布置在瓦材与檩条之间或吊顶棚上面。保温材料可根据工程具体要求选用松散材料、块体材料或板状材料。

2）坡屋顶隔热构造

炎热地区在坡屋顶中设进气口和排气口，形成屋顶内的自然通风，以减少由屋顶传入室内的辐射热，从而达到隔热降温的目的。进气口一般设在檐墙上、屋檐部位或室内顶棚上；出气口最好设在屋脊处，以增大高差，有利加速空气流通。

练习作业

1. 简述坡屋顶的组成与构造。
2. 坡屋顶的承重结构有哪几种？分别在什么情况下采用？
3. 简述坡屋顶的细部构造处理部位。

学习鉴定

1. 填空题

（1）屋顶的外形有_______________、_______________和其他类型。

（2）屋顶的排水方式分为_______________和_______________。

(3)屋顶坡度的形成方法有________和________。

(4)瓦屋面的构造一般包括________、________和________3个组成部分。

2. 单选题

(1)下列哪种建筑的屋面应采用有组织排水方式?(　　)

A. 高度较低的简单建筑　　B. 积灰多的屋面

C. 有腐蚀介质的屋面　　D. 降雨量较大地区的屋面

(2)下列哪种构造层次不属于不保温屋面?(　　)

A. 结构层　　B. 找平层　　C. 隔汽层　　D. 保护层

(3)下列关于平屋顶卷材防水屋面油毡铺贴方法,正确的是(　　)。

A. 油毡平行于屋脊时,从檐口到屋脊方向铺设

B. 油毡平行于屋脊时,从屋脊到檐口方向铺设

C. 油毡铺设时,应顺常年主导风向铺设

D. 油毡接头处,短边搭接应不小于70 mm

(4)屋面防水中,泛水高度最小值为(　　)。

A. 150　　B. 200　　C. 250　　D. 300

3. 问答题

(1)屋顶由哪几部分组成?它们的主要功能是什么?

(2)如何形成屋顶的排水坡度?

(3)屋顶的排水方式有哪几种?简述各自的优缺点和适用范围。

(4)什么是柔性防水屋面?其基本构造层次有哪些?各层次的作用是什么?

(5)柔性防水屋面的细部构造有哪些?

(6)什么是刚性防水屋面?其基本构造层次有哪些?各层次的作用是什么?

(7)刚性防水屋面的细部构造有哪些?

(8)平屋顶的隔热构造处理有哪几种做法?

见本书附录或光盘。

综合练习题

1　绪论

1. 填空题

(1)建筑物的耐火等级分为______级。

(2)砖混结构是承重墙为______,楼板和屋顶为______________的建筑。

(3)建筑按使用功能分为__________、________、________三大类。

(4)模数分为______和________,基本模数的数值为____,1M = ______。

(5)一般民用建筑由______、_________、_________、_________、_________、________和门窗组成。

(6)耐火等级标准主要根据房屋主要构件的________和它的________来确定。

(7)新的建筑方针(简称八字方针):______、______、______、______。

(8)地震的强弱程度用______和______。国家规定______________地区必须抗震设防。

(9)横向定位轴线之间的距离称为______,一般是按____________的模数数列选定的;纵向定位轴线之间的距离称为______,一般是按________________的模数数列选定的。

(10)________________是实现建筑工业化的前提。

(11)楼房的层高是指该层楼面上表面至____________的垂直距离。

(12)层高为7～9层的建筑称为______建筑。

2. 判断题

(1)内骨架结构、外墙为承重墙,不需设构造和圈梁。(　　)

(2)建筑物的二级耐久年限为100年以上。(　　)

(3)标志尺寸应符合模数、数列的规定,用以标注建筑物定位轴线之间的距离。(　　)

(4)地面竖向定位轴线应与楼地面面层上表面重合。(　　)

(5)建筑物的模数系列中"3M"数列常用于确定民用建筑中开间、进深、门窗洞口的尺寸。(　　)

(6)标志尺寸等于构造尺寸加减允许偏差。(　　)

(7)构造尺寸是指建筑构配件的设计尺寸,它符合模数。(　　)

(8)震级越大,烈度越大;距震中越远,烈度越小。(　　)

3. 选择题

(1)建筑物最下面的部分是(　　)。

A. 首层地面　　B. 首层墙或柱　　C. 基础　　D. 地基

(2)符合模数数列规定的尺寸为(　　)。

A. 构造尺寸　　B. 标志尺寸　　C. 实际尺寸　　D. 允许偏差值

(3)按建筑物主体结构的耐久年限,二级建筑物为(　　)。

A. 25 ~ 50 年　　B. 40 ~ 80 年　　C. 50 ~ 100 年　　D. 100 年以上

(4)多层住宅一般选用的结构形式为(　　)。

A. 砖木结构　　B. 钢筋混凝土结构　　C. 砖混结构　　D. 钢结构

(5)下列(　　)组数字符合建筑模数统一制的要求。

Ⅰ　3 000 mm　　Ⅱ　3 330 mm　　Ⅲ　50 mm　　Ⅳ　1 560 mm

A. Ⅰ,Ⅱ　　B. Ⅰ,Ⅲ　　C. Ⅱ,Ⅲ　　D. Ⅰ,Ⅳ

(6)民用建筑中的开间、进深等其他模数尺寸是选用(　　)。

A. 1/2M　　B. 1M　　C. 3M　　D. 6M

(7)民用建筑按其用途分为(　　)。

A. 居住建筑及公共建筑　　B. 居住建筑

C. 大型建筑　　D. 大量民用建筑

(8)下列说法正确的是(　　)。

A. 标志尺寸 = 构造尺寸　　B. 标志尺寸 = 构造尺寸 + 缝隙尺寸

C. 实际尺寸 = 构造尺寸　　D. 实际尺寸 = 构造尺寸 + 误差

(9)模数系列主要用于缝隙、构造节点,属于(　　)。

A. 基本模数　　B. 扩大模数　　C. 分模数　　D. 标准模数

(10)高层建筑中常见的结构类型主要有(　　)。

A. 砖混结构　　B. 框架架构　　C. 木结构　　D. 砌体结构

4. 名词解释

(1)模数:

(2)构造尺寸:

(3)耐火等级:

(4)剪力墙结构:

5. 简答题

(1)影响建筑构造的因素,包括哪 3 个方面?

(2)民用建筑主要由哪几个部分组成的?

(3)对剪力墙有什么要求?

2　基础与地下室

1. 填空题

(1)人工地基加固方法有 3 大类,即______、______、______。

(2)影响基础埋置深度的因素有__________、______和____________。

(3)按所用材料，基础的受力特点分为________和________。

(4)砖基础台阶的宽高比有______和______两种。

(5)对于钢筋混凝土基础，混凝土的强度等级不低于____________，受力钢筋直径不小于________。

(6)为了保证建筑物的安全，基础的埋置深度至少不浅于______。

(7)能有效防止不均匀沉降的基础形式为______。

2. 判断题

(1)从室外自然地坪到基地的高度为基础的埋置深度。 (　　)

(2)灰土基础中，3∶7或4∶6的灰土用于基础，2∶8灰土用于做垫层。 (　　)

(3)刚性基础受刚性角的限制，所以基础底面积越大所需基础的高度越高。 (　　)

(4)混凝土基础为柔性基础，可不受刚性角的限制。 (　　)

(5)间隔式砖基础最低一台必须是两皮砖。 (　　)

(6)对于钢筋混凝土基础，设垫层时，钢筋保护层厚度不小于40 mm；不设垫层时，钢筋保护层厚度不小于70 mm。 (　　)

(7)砖基础砌筑方法包括等高式和间隔式，两者比较，间隔式刚性角较大。 (　　)

3. 选择题

(1)当建筑物为柱承重且柱距较大时宜采用(　　)。

A. 独立基础　　B. 条形基础　　C. 井格式基础　　D. 筏片式基础

(2)基础埋置深度不超过(　　)时，称为浅基础。

A. 500 mm　　B. 5 m　　C. 6 m　　D. 5.5 m

(3)间隔式砖基础大放脚台阶的宽高比为(　　)。

A. 1∶5　　B. 1∶2　　C. 1∶1

(4)砖基础等高式砌筑，每台退台宽度为(　　)。

A. 180 mm　　B. 62.5 mm　　C. 126 mm

(5)灰土基础每夯实(　　)高为一步。

A. 200 mm　　B. 150 mm　　C. 250 mm

(6)地下室的砖砌外墙最小厚度为(　　)。

A. 240 mm　　B. 360 mm　　C. 490 mm

(7)室内首层地面标高为 ±0.000，基础地面标高为 −1.500，室外地坪标高为 −0.600，则基础埋置深度为(　　)m。

A. 1.5　　B. 2.1　　C. 0.9　　D. 1.2

(8)基础设计中，在连续的的墙下或密集的柱下，宜采用(　　)。

A. 独立基础　　B. 条形基础　　C. 井格基础　　D. 筏片基础

(9)地下室外墙如果采用钢筋混凝土材料，其最小厚度不应低于(　　)mm。

A. 200　　B. 300　　C. 400　　D. 500

(10)地下室防潮层外侧应回填弱透水性土，其填土宽度不小于(　　)mm。

A. 200　　B. 300　　C. 350　　D. 500

(11)以下基础中,刚性角最大的基础通常是(　　)。

A. 混凝土基础　　B. 砖基础　　C. 砌体基础　　D. 石基础

(12)属于柔性基础的是(　　)。

A. 砖基础　　B. 毛石基础　　C. 混凝土基础　　D. 钢筋混凝土基础

(13)直接在上面建造房屋的土层称为(　　)。

A. 原土地基　　B. 天然地基　　C. 人造地基　　D. 人工地基

(14)对于大量砖混结构的多层建筑的基础,通常采用(　　)。

A. 单独基础　　B. 条形基础　　C. 片筏基础　　D. 箱形基础

(15)砌筑砖基础的砂浆强度等级不小于(　　)。

A. M5　　B. M2.5　　C. M1　　D. M0.4

4. 名词解释

(1)基础:

(2)刚性基础:

5. 简答题

(1)比较刚性基础和扩展基础的特点。

(2)简述地下室外墙垂直防潮的做法。

(3)什么是基础的埋置深度?影响基础埋置深度的因素有哪些?

6. 计算

已知某台阶状混凝土截面的条形基础台阶宽为 180 mm,台阶高为 300 mm,问是否满足混凝土刚性角的限制。

3　墙体

1. 填空题

(1)砖墙的组砌原则是:__________、__________、__________、________、避免通缝,保证砌体强度和整体性。

(2)普通砖的规格为____________________。

(3)墙体结构的布置方案一般有________、________、________3 种形式。

(4)砌筑砂浆是____与____掺和加水搅拌即成。

(5)变形缝分为______、______、______3 种,其中从基础底面到屋顶全部断开的是__________。

(6)砌筑砂浆中,一般用于砌筑基础的是______,用于砌筑主体的是________。

(7)圈梁一般采用钢筋混凝土材料,现场浇筑,混凝土强度等级不低于______。

(8)外墙与室外地坪接触的部分叫______。

(9)泛水高度不应小于________。

(10)沉降缝处基础的做法有__________、__________、__________。

(11)在设有暖气槽的窗台,至少应有＿＿＿＿＿的围护墙。

2. 判断题

(1)提高砌墙砖的强度等级是提高砖墙砌体的强度的主要途径。 ( )
(2)圈梁是均匀地卧在墙上的闭合的带状的梁。 ( )
(3)设有暖气槽的窗台至少应有 240 mm 外围护墙。 ( )
(4)建筑物的伸缩缝和沉降缝可以不必断开。 ( )
(5)钢筋混凝土过梁的断面尺寸是由荷载的计算来确定的。 ( )
(6)构造柱属于承重构件,同时对建筑物起到抗震加固作用。 ( )
(7)与建筑物长轴方向垂直的墙体为横墙。 ( )
(8)砖砌体的强度一般为砖的强度与砂浆强度的平均值。 ( )
(9)普通粘土砖的强度必定大于砖砌体的强度。 ( )
(10)砌块墙上下皮垂直缝交错不小于 100 mm。 ( )

3. 选择题

(1)钢筋混凝土过梁,梁端伸入支座的长度不少于( )。
A. 180 mm　　B. 200 mm　　C. 120 mm

(2)钢筋混凝土圈梁断面高度不宜小于( )。
A. 180 mm　　B. 120 mm　　C. 60 mm

(3)散水的宽度应小于房屋挑檐宽及基础底外缘宽( )。
A. 300 mm　　B. 600 mm　　C. 200 mm

(4)提高砖砌墙体的强度等级的主要途径是( )。
A. 提高砖的强度　　B. 提高砌筑砂浆的强度　　C. 以上两种都不能提高

(5)对构造柱叙述正确的是( )。
A. 构造是柱
B. 每砌一层或 3 m 浇筑一次
C. 构造柱边缘留出每皮一退的马牙槎退进 60 mm

(6)( )的基础部分应该断开。
A. 伸缩缝　　B. 沉降缝　　C. 抗震缝　　D. 施工缝

(7)在多层砖混结构房屋中,沿竖直方向,( )位置必须设置圈梁。
A. 基础顶面　　B. 屋顶　　C. 中间层　　D. 基础顶面和屋面

(8)如果室内地面面层和垫层均为不透水性材料,其防潮层应设置在( )。
A. 室内地坪以下 60 mm　　B. 室内地坪以上 60 mm
C. 室内地坪以下 120 mm　　D. 室内地坪以上 120 mm

(9)下列砌筑方式中,不能用于一砖墙的砌筑方法是( )。
A 一顺一丁　　B. 梅花丁　　C. 全顺式　　D. 三顺一丁

(10)勒脚是墙身接近室外地面的部分,常用的材料为( )。
A. 混合砂浆　　B. 水泥砂浆　　C. 纸筋灰　　D. 膨胀珍珠岩

(11)散水宽度一般应为( )。
A. ≥80 mm　　B. ≥600 mm　　C. ≥2 000 mm　　D. ≥1 000 mm

(12)圈梁的设置主要是为了(　　)。
A. 提高建筑物的整体性、抵抗地震力
B. 承受竖向荷载
C. 便于砌筑墙体
D. 建筑设计需要
(13)标准砖的尺寸(单位:mm)(　　)。
A. 240×115×53　B. 240×115×115　C. 240×180×115　D. 240×115×90
(14)宽度超过(　　)mm 的洞口,应设置过梁。
A. 150　B. 200　C. 250　D. 300
(15)半砖墙的实际厚度为(　　)mm。
A. 120　B. 115　C. 110　D. 125

4. 名词解释

(1)圈梁:
(2)过梁:
(3)复合墙:

5. 简答题

(1)简述构造柱的布置位置。

(2)为保证构造柱和墙体连接牢靠,构造口处应采取什么措施?

(3)圈梁的作用是什么?圈梁被中断后怎样补强?

(4)简述防潮层的位置。

4　楼板与地面

1. 填空题

(1)现浇钢筋混凝土楼板中梁板式楼板可分为______、______、______。
(2)地面的垫层分________和________两种。
(3)凸阳台按承重方案的不同可以分为________和________两种。
(4)阳台栏杆高度不低于________。
(5)雨篷构造上需解决好的两个问题:一是______;二是______________。
(6)单梁式楼板传力路线是____→____→____→____;复梁式楼板传力路线是______→______→______→______→______。
(7)对于现浇钢筋混凝土复梁式楼板,主梁的经济跨度是________;次梁的经济跨度是______;板的经济跨度是________。
(8)楼板层由______、______、________和附加层组成。
(9)地面的基本构造层为______、______、________。
(10)顶棚分为__________、__________两种。

(11)板式楼板当板的长边与短边之比大于2时,受力钢筋沿______方向布置。

(12)梁板式楼板根据梁的分布情况可分为______、______、______。

(13)按构造方法,面层分为________和________。

(14)吊顶由________和________两部分组成。

(15)雨篷外边缘下部必须制作__________,防止雨水越过污染篷底和墙面。

(16)地面垫层分__________和________两种。

(17)块料面层与下层的连接层为________。

2. 判断题

(1)单梁式楼板就是板搁置在梁上,梁搁置在墙或柱的构造形式。 (　　)

(2)单向板单方向布置钢筋。 (　　)

(3)预制板直接支撑在墙上时,其搁置长度不小于110 mm。 (　　)

(4)规范要求装配式钢筋混凝土楼板的板缝不能小于10 mm。 (　　)

(5)踢脚板的高度为100～150 mm。 (　　)

(6)无梁楼板的荷载直接由板传至墙和柱,柱距以6 m左右较为经济。 (　　)

(7)大面积制作水磨石地面时,采用铜条或玻璃条分格,这只是美国的要求。 (　　)

(8)阳台和雨篷多采用悬挑式结构。 (　　)

(9)单向板只应单方向设置钢筋。 (　　)

(10)墙裙一般多为窗台高。 (　　)

(11)当房间平面尺寸任何一向均大于6 m时,则应在两个方向设梁,甚至还应设柱。 (　　)

3. 选择题

(1)当房间平面尺寸任何一方向均大于6 m时,应用(　　)楼板。

A. 单梁式　　B. 复梁式　　C. 板式

(2)无梁板柱网布置,柱为(　　)。

A. 6 m　　B. 8 m　　C. 12 m

(3)单向板的受力钢筋应在(　　)方向布置。

A. 短边　　B 长边　　C. 任意方向

(4)阳台宽大于(　　)mm时应用挑梁式结构。

A. 1 200　　B. 1 500　　C. 1 000

(5)板支撑在梁上的搁置长度是(　　)mm。

A. 110　　B. 250　　C. 80

(6)无梁楼板用于(　　)。

A. 任何情况　　B. 活荷载较大的建筑

C. 跨度10 m左右的建筑　　D. 跨度5～9 m的建筑

(7)当雨篷悬挑尺寸较小时,如在1.2 m以下时可采用(　　)。

A. 板式　　B. 梁板式　　C. 墙梁外挑式

(8)雨棚的悬挑长度一般为(　　)mm。

A. 700～1 500　　B. 800～1 200　　C. 900～1 500　　D. 700～1 200

4. 名词解释

(1)板式楼板：

(2)无梁楼板：

(3)叠合式楼板：

5. 简答题

(1)现浇钢筋混凝土楼板有什么特点?

(2)在布置房间楼板时,对出现的板缝应怎样处理?

(3)简述雨篷在构造上需解决哪些方面的问题? 如何解决?

5　楼梯与电梯

1. 填空题

(1)楼梯踏步尺寸的经验公式________________。

(2)双股人流通过楼梯时,设计宽度为____________。

(3)现浇钢筋混凝土楼梯有________和________两种。

(4)楼梯平台部位净高应不小于________,顶层楼梯平台的水平栏杆高度不小于__________。

(5)楼梯中间平台宽度是指______至转角扶手中心线的水平距离。

(6)楼梯是建筑物的垂直交通设施,一般由________、________、________、__________等部分组成。

(7)现浇钢筋混凝土楼梯的结构形式有________和________。

(8)楼梯平台深度不应______楼梯宽度。

(9)板式楼梯传力路线:荷载→______→______→______→______。

(10)台阶由________、________组成。

(11)电梯由________、________、________、________组成。

(12)常用的垂直交通设施有______、______、______、______、______。

(13)单股人流通行时梯段宽度________mm。

(14)室内楼梯扶手高度不小于______mm,顶层楼梯平台水平栏杆高度不小于______mm。

(15)踏步前缘应设置______,距墙面或栏杆留不小于______mm,便于清扫。

(16)楼梯间有通行式和________两种形式。

2. 判断题

(1)梁板式楼梯的踏步板受力钢筋应沿楼梯段的长度方向配置。　(　　)

(2)自动扶梯的坡度一般在30°左右。　(　　)

(3)踏步面防滑条的两端距墙面或栏杆应留出不小于120 mm的空隙。　(　　)

(4)室外台阶由平台和踏步组成。　(　　)

(5)单股人流通行时楼梯宽度应不小于1 100 mm。　(　　)

(6)在上楼时,为了防止行人滑倒宜在踏步前缘设置凸缘踏步。　(　　)

(7)楼梯各层平面图都是以该层楼面以上1 000～1 200 mm处，水平剖面向下剖视的投影图。（ ）

(8)小型装配式楼梯有墙承式和悬挑式两种。（ ）

3. 选择题

(1)楼梯的适用坡度一般不宜超过（ ）。

A. 30° B. 45° C. 60°

(2)楼梯段部位的净高不应小于（ ）mm。

A. 2 200 B. 2 000 C. 1 950

(3)踏步高不宜超过（ ）mm。

A. 180 B. 310 C. 210

(4)楼梯栏杆扶手的高度通常为（ ）mm。

A. 850 B. 900 C. 1 100

(5)平台梁间的距离超过（ ）mm时，宜用板式楼梯。

A. 2 000 B. 2 500 C. 3 000

(6)楼梯从安全和适用角度考虑，常采用的较合适的坡度是（ ）。

A. 10°～20° B. 20°～25° C. 26°～35° D. 35°～45°

(7)从楼梯间标准层平面图上，不可能看到（ ）。

A. 二层上行梯段 B. 三层下层梯段 C. 顶层下行梯段 D. 二层下行梯段

(8)下列踏步尺寸不宜采用的宽度与高度为（ ）。

A. 280 mm×160 mm B. 270 mm×170 mm C. 260 mm×170 mm D. 280 mm×220 mm

(9)坡道的坡度一般控制在（ ）度以下。

A. 10 B. 20 C. 15 D. 25

(10)小开间住宅楼梯，其扶手栏杆的高度为（ ）mm。

A. 1 000 B. 900 C. 1 100 D. 1 200

(11)在住宅及公共建筑中，楼梯形式应用最广的是（ ）。

A. 直跑楼梯 B. 双跑平行楼梯 C. 双跑直角楼梯 D. 扇形楼梯

(12)在楼梯组成中起到供行人间歇和转向作用的是（ ）。

A. 楼梯段 B. 中间平台 C. 楼层平台 D. 栏杆扶手

4. 名词解释

(1)板式楼梯：

(2)楼梯梯段宽：

5. 简答题

(1)现浇钢筋混凝土楼梯、板式楼梯和梁板式楼梯的不同点是什么？

(2)提高楼层净空高度的措施有哪些？

6 窗与门

1. 填空题

(1)窗的作用是________和________。

(2)门窗框的安装方法有________和________两种。

(3)平开窗的组成主要由______、______、______组成。

(4)夹板门一般适宜安装在______处。

(5)窗按使用材料不同,分为______、______、______、______、______。

(6)平开木窗,经刨光加工后净尺寸有所减少,单面刨光损耗按________计,双面刨光按________计。

(7)窗的功能是__________。

(8)门的主要作用是______、______和________。

(9)门的尺寸是按人们的______、______和____________的尺寸制定的。

(10)门洞宽度和高度的级差,基本按扩大模数________递增。

(11)钢门窗用料有________、________两种。

(12)只可采光而不可通风的窗是__________。

(13)钢门窗安装均采用________。

(14)____________、窗扇与玻璃之间的密封做法,是塑钢门窗的一大特色。

(15)对门和窗的主要要求是______、______、______、________、________、________、________、________。

2. 名词解释

(1)窗地比:

(2)立口:

(3)铲口:

3. 选择题

(1)一间16 m^2的居室,合适的采光面积为(　　)m^2(居室采光系数为1/8~1/10)。

A. 2~3　　B. 1.6~2　　C. 2~2.5　　D. 2.5~3.5

(2)下列不宜用于幼儿园的门是(　　)。

A. 双扇平开门　　B. 推拉门　　C. 弹簧门　　D. 折叠门

(3)一般情况下,教室和实验室的窗地比为(　　)。

A. 1/5~1/3　　B. 1/5~1/4　　C. 1/8~1/6　　D. 1/10~1/8

(4)安装窗框时,若采用塞口的施工方法,预留的洞口比窗框的外廓尺寸要大,最少大(　　)mm。

A. 20　　B. 30　　C. 40　　D. 50

(5)窗框的外围尺寸,应按洞口尺寸的宽高方向各缩小(　　)mm。

A. 15　　B. 20　　C. 25　　D. 10

(6)卷帘门,门宽超过(　　)m或门高超过4 mm时,宜采用电动上卷。

A. 3　　B. 4　　C. 5　　D. 6

(7)可不用门框的门是(　　)。

A. 推拉门　　B. 夹板门　　C. 平开木门　　D. 拼板门

(8)单扇门的宽度为(　　)。(单位:mm)

A. 800 ~ 1 000　　B. 900 ~ 1 100　　C. 700 ~ 1 000　　D. 800 ~ 1 100

4. 简答题

(1)提高窗的密闭性的措施有哪些?

(2)为什么门窗底部到室内地面应留有 5 mm 空隙?

7　屋顶

1. 填空题

(1)屋顶的形式取决于__________和__________。

(2)屋顶设计最主要的内容是________的选择和__________的合理。

(3)平屋顶排水坡度可通过__________、__________两种方法形成。

(4)卷材防水屋面铺设时应从檐口开始,上幅压下幅__________。

(5)冷底子油是将沥青浸泡在温热的__________中融化。

(6)屋顶由________、________、________、________4 部分组成。

(7)屋顶主要有________、________、________3 种形式。

(8)雨水口的间距不宜超过__________。

(9)柔性防水材料分为________、________两大类。

(10)自由落水檐口也称________。

(11)女儿墙也称________,高度不宜超过________。

2. 判断题

(1)无组织排水就是不考虑排水问题。(　　)

(2)在年降雨量大于 900 mm 的地区,每一直径为 100 mm 的雨水管可排集 150 m^2 面积的雨水。(　　)

(3)女儿墙也叫压檐墙。(　　)

(4)泛水的高度是自屋面保护层算起高度不小于 25 mm。(　　)

(5)油毡铺设时的长度方向应逆着主导风向进行。(　　)

(6)构造找坡也就是在楼板搁置时形成所要求的坡度。(　　)

(7)刚性防水屋面的主要材料是防水砂浆和密实混凝土。(　　)

(8)屋面防水的种类按其使用材料和做法,分为卷材防水、细石混凝土防水、涂料防水和防水砂浆防水。(　　)

(9)女儿墙承受垂直荷载,墙厚一般为 240 mm。(　　)

3. 选择题

(1)平屋顶屋面排水坡度通常用(　　)。

A. 2% ~5%　　B. 20%　　C. 1∶5

(2)自由落水檐口挑檐挑出长度尺寸应不小于(　　)mm。

A. 400　　B. 500　　C. 600

(3)油毡屋面防水层,五层做法是指(　　)。

A. 两毡三油　　B. 一毡两油　　C. 三毡四油

(4)屋顶保护层采用的豆砂粒径为(　　)mm。

A. 3 ~ 5　　B. 4 ~ 6　　C. 5 ~ 7

(5)刚性防水屋面分仓缝宽为(　　)mm 左右。

A. 10　　B. 20　　C. 30

(6)对于保温平屋顶中保温层的设置,以下不正确的一种是(　　)。

A. 结构层之上,防水层之下　　B. 防水层之上

C. 结构层之下　　D. 与结构层组成复合材料

(7)刚性防水屋面,为了防止出现裂缝可采用一些构造措施,下列不正确的做法是(　　)。

A. 设置隔离层　　B. 增加防水层厚度

C. 设置分仓缝　　D. 设置屋面板滑动支座

(8)下列哪种材料不宜用于屋顶保温层?(　　)

A. 混凝土　　B. 水泥蛭石　　C. 聚苯乙烯泡沫塑料　　D. 水泥珍珠岩

(9)刚性防水屋面,为了防止裂缝出现,可设置分仓缝,分仓缝的宽度宜为(　　)mm。

A. 50　　B. 30　　C. 20　　D. 10

(10)对于保温层面,通常在保温层下设置(　　),以防止室内水蒸气进入保温层内。

A. 找平层　　B. 保护层　　C. 隔汽层　　D. 隔离层

4. 名词解释

(1)结构找坡:

(2)有组织排水:

(3)平屋顶:

(4)泛水:

5. 简答题

(1)如何避免油毡防水屋面油毡的空鼓现象?

(2)简述刚性防水屋面裂缝形成的原因及预防构造措施。

(3)什么是无组织排水和有组织排水?什么情况下要有组织排水?为什么?

(4)刚性防水屋面防水材料的性能如何改进?为什么要设分仓缝?

附 录

教学评估表

班级:__________课题名称:________________日期:__________姓名:__________

1. 本调查问卷主要用于对新课程的调查,可以自愿选择署名或匿名方式填写问卷。根据自己的情况在相应的栏目打"✓"。

评估等级 / 评估项目	非常赞成	赞成	无可奉告	不赞成	非常不赞成
(1)我对本课题学习很感兴趣					
(2)教师组织得很好,准备充分且讲述清楚					
(3)教师运用了各种不同的教学方法来帮助我学习					
(4)学习内容能够帮助我获得能力					
(5)有视听材料,包括实物、图片、录像等,它们帮助我更好地理解教材内容					
(6)对于教学内容,教师知识丰富					
(7)教师乐于助人、平易近人					
(8)教师能够为学生需求营造合适的学习气氛					
(9)我完全理解并掌握了所学的知识和技能					
(10)授课方式适合我的学习风格					
(11)我喜欢这门课中的各种学习活动					
(12)学习活动能够有效地帮助我学习该课程					
(13)我有机会参与学习活动					
(14)每个活动结束都有归纳与总结					
(15)教材编排版式新颖,有利于我学习					
(16)教材使用的文字、语言通俗易懂,有对专业词汇的解释,利于我自学					
(17)教学内容难易程度合适,符合我的需求					
(18)教材为我完成学习任务提供了足够信息					
(19)教材通过提供活动练习使我的技能增强了					
(20)我对今后的工作岗位所具有的能力更有信心					

2. 您认为教学活动使用的视听教学设备：

合适 □　　太多 □　　太少 □

3. 教师讲述、学生小组讨论和小组活动安排比例：

讲课太多 □　　讨论太多 □　　练习太多 □

活动太多 □　　恰到好处 □

4. 教学的进度：

太快 □　　正合适 □　　太慢 □

5. 活动安排的时间长短：

正合适 □　　太长 □　　太短 □

6. 我最喜欢本单元的教学活动是：

7. 本单元我最需要的帮助是：

8. 我对本单元进一步改进教学活动的建议是：

参考文献

[1] 舒秋华. 房屋建筑学[M]. 武汉:武汉工业大学出版社,1996.
[2] 吴舒琛. 建筑识图与构造[M]. 北京:高等教育出版社,2002.
[3] 李祯祥,林恩生. 房屋及建筑学[M]. 2 版. 北京:中国建筑工业出版社,1991.
[4] 孙鲁,甘佩兰. 建筑构造[M]. 2 版. 北京:高等教育出版社,2003.
[5] 中国建筑标准设计研究院. GB J2—86 建筑模数协调统一标准[S]. 北京:中国建筑工业出版社,1986.
[6] 中国建筑技术研究院. GBT 50100—2001 住宅建筑模数协调标准[S]. 北京:中国建筑工业出版社,2001.
[7] 公安部天津消防研究所. GB 50016—2006 建筑设计防火规范[S]. 北京:中国计划出版社,2006.